Людмила Христенко

Наземно-скважинная магниторазведка Кингашского месторождения

Людмила Христенко

Наземно-скважинная магниторазведка Кингашского месторождения

Результаты количественной интерпретации пространственных измерений магнитного поля при разведке медно-никелевых руд

LAP LAMBERT Academic Publishing

Impressum / Выходные данные

Bibliografische Information der Deutschen Nationalbibliothek: Die Deutsche Nationalbibliothek verzeichnet diese Publikation in der Deutschen Nationalbibliografie; detaillierte bibliografische Daten sind im Internet über http://dnb.d-nb.de abrufbar.

Alle in diesem Buch genannten Marken und Produktnamen unterliegen warenzeichen-, marken- oder patentrechtlichem Schutz bzw. sind Warenzeichen oder eingetragene Warenzeichen der jeweiligen Inhaber. Die Wiedergabe von Marken, Produktnamen, Gebrauchsnamen, Handelsnamen, Warenbezeichnungen u.s.w. in diesem Werk berechtigt auch ohne besondere Kennzeichnung nicht zu der Annahme, dass solche Namen im Sinne der Warenzeichen- und Markenschutzgesetzgebung als frei zu betrachten wären und daher von jedermann benutzt werden dürften.

Библиографическая информация, изданная Немецкой Национальной Библиотекой. Немецкая Национальная Библиотека включает данную публикацию в Немецкий Книжный Каталог; с подробными библиографическими данными можно ознакомиться в Интернете по адресу http://dnb.d-nb.de.

Любые названия марок и брендов, упомянутые в этой книге, принадлежат торговой марке, бренду или запатентованы и являются брендами соответствующих правообладателей. Использование названий брендов, названий товаров, торговых марок, описаний товаров, общих имён, и т.д. даже без точного упоминания в этой работе не является основанием того, что данные названия можно считать незарегистрированными под каким-либо брендом и не защищены законом о брендах и их можно использовать всем без ограничений.

Coverbild / Изображение на обложке предоставлено: www.ingimage.com

Verlag / Издатель:
LAP LAMBERT Academic Publishing
ist ein Imprint der / является торговой маркой
OmniScriptum GmbH & Co. KG
Heinrich-Böcking-Str. 6-8, 66121 Saarbrücken, Deutschland / Германия
Email / электронная почта: info@lap-publishing.com

Herstellung: siehe letzte Seite /
Напечатано: см. последнюю страницу
ISBN: 978-3-659-52637-4

Copyright / АВТОРСКОЕ ПРАВО © 2014 OmniScriptum GmbH & Co. KG
Alle Rechte vorbehalten. / Все права защищены. Saarbrücken 2014

Содержание

Введение

Мировой рынок цветных металлов составляет значительную часть мирового товарного рынка. Никель и медь входят в группу металлов, по объемам производства и потребления которых можно судить об уровне развития страны. Прогнозные ресурсы меди России оцениваются в 66,5 млн. т. На долю Сибирского федерального округа, в пределах которого расположено Кингашское месторождение кобальт-медно-никелевых руд, приходится 21,1 % этих ресурсов. Запасы Кингашского месторождения категории С2 оценены в 849,5 тыс. т никеля, 362,4 тыс. т меди, 37,1 тыс. т кобальта.

На площади Кингашского ареала еще в 1963-1964 гг. Н.Г. Дубининым было выявлено и опоисковано на никель и медь 47 базит-ультрабазитовых массивов, среди которых Кингашский занимал особое место - в его пределах Н.Г.Дубининым было установлено медно-никелевое оруденение с промышленными содержаниями меди и никеля [10].

Но на протяжении многих лет объект оставался невостребованным из-за открытия в этот же период Талнахского месторождения с уникальными запасами руды и содержаниями меди, никеля и платиноидов. Истощение запасов Талнаха привело к необходимости поисков новых месторождений для увеличения сырьевой базы ООО «ГМК Норильский никель».

Работы в Кингашском рудном районе были возобновлены в 1990 г. А.Г. Еханиным и продолжены до 1996 г. А.В. Тарасовым, В.В. Некос, и др. Кингашское рудопроявление было переведено в разряд среднего по масштабам сульфидного медно-никелевого месторождения с платиноидами, золотом и кобальтом [10]. После некоторого перерыва поисково-оценочные работы с новой силой развернулись в 2004-2008 гг. В результате было открыто еще одно месторождение – Верхнекингашское – с идентичными, и даже несколько более богатыми рудами, проведена разведка обоих месторождений. В 2008 году была произведена доразведка этих объектов и принято решение о целесообразности отработки месторождений.

Со второй половины 2012 года в районе проводятся комплексные инженерные изыскания и социально-экономические исследования в российском и международном форматах. По оценкам геологов, руды хватит на 25–30 лет. В январе 2013 года начато проектирование горно-обогатительного комбината с открытым способом разработки. Во II квартале 2014 года состоится представление проекта в государственной экспертизе. Запуск первого пускового комплекса в эксплуатацию запланирован на конец 2017 года. Металлургическое производство, ориентировочно, сможет вступить в строй в 2019 году.

На базе Кингашского и Верхнекингашского месторождений и ряда перспективных рудопроявлений Кингашского рудного узла будет сформирован крупнейший в регионе минерально-сырьевой центр мирового уровня по добыче и переработке кобальт-медно-никелевых руд с ежегодным производством никеля не менее 100 тыс. т, меди 50 тыс. т, благородных металлов от 10 до 15 т.

На стадии поисково-оценочных геологоразведочных работ в пределах Кингашского месторождения выполнялся комплекс измерений геомагнитного поля в скважинах и на земной поверхности. Совместное использование результатов наземно-скважинных (пространственных) измерений геопотенциальных полей при определении параметров аномалиеобразующих объектов существенно снижает степень неоднозначности решения обратной задачи геофизики и тем самым повышает достоверность интерпретации. Традиционно использующийся при исследовании железорудных месторождений метод трехкомпонентной скважинной магниторазведки позволил получить геолого-геофизическую модель внутреннего строения никеленосных интрузий и рудоперспективных блоков базит-гипербазитового массива.

В работе, наряду с результатами количественной интерпретации, выполненной автором методом неформализованного подбора, приводится анализ физико-геологических предпосылок изучения Кингашского кобальт-медно-никелевого месторождения методами наземной, скважинной магниторазведки и каротажа магнитной восприимчивости; краткий обзор использования наземной и скважинной магниторазведки при изучении рудных месторождений в разных регионах России, анализ результатов которых послужил основой для выбора комплекса геофизических исследований на Кингашском месторождении.

Автор выражает искреннюю благодарность к.г.-м.н. Б.М. Афанасьеву, к.г.-м.н. И.Г. Резникову и д.ф.-м.н А.С. Долгалю, предложившим в свое время и организовавшим проведение комплекса магниторазведочных исследований на Кингашском месторождении силами Южной геофизической экспедиции (ЮГФЭ) АО «Красноярскгеология», за оказание всесторонней методической помощи и предоставление необходимых материалов. Автор благодарит А.Н. Соколову (инженера-геофизика I категории ЮГФЭ) за консультации, связанные с техническими особенностями выполнения полевых наблюдений.

Глава 1.

Возможности использования наземной и скважинной магниторазведки при изучении рудных месторождений

Одним из основных методов современной разведочной геофизики является магнитная разведка. Магниторазведка - необходимый элемент общего комплекса геолого-геофизических работ при изучении рудных провинций, районов, полей и месторождений, хотя некоторые геологические задачи она может решать самостоятельно. Магниторазведка применяется на всех этапах геологоразведочного процесса и решает в различном сочетании с другими геофизическими методами широкий круг задач: от мелкомасштабного структурно-тектонического районирования больших территорий с элементами металлогенического прогнозирования до крупномасштабных поисков и раз-ведки месторождений, а также эффективно используется в процессе их эксплуатации. В связи с повышением точности магнитных съемок резко расширилась область их применения. Стало возможным изучение слабомагнитных объектов, в том числе разделение карбонатных и терригенных осадочных пород и картирование структур платформенного чехла [16].

Наиболее эффективно применение магниторазведки при поисках и разведке месторождений железных руд: метаморфогенных типа железистых кварцитов; скарново-метасоматических магнетитовых и магномагнетитовых; магматогенных титаномагнетитовых; ильменит-титаномагнетитовых и др.

При поисках месторождений цветных металлов различных формаций магнитную разведку как ведущий или дополнительный метод геофизического комплекса широко применяют для уточнения геологического строения исследуемых районов; выделения перспективных площадей; выявления рудоконтролирующих и рудовмещающих структур; изучения зон гидротермально-метасоматических изменений горных пород, а при наличии благоприятной магнитной дифференциации пород - и для выявления рудных залежей [20]. Совместное использование результатов различных видов магнитных съемок позволяет существенно снизить степень неоднозначности решения обратной задачи и тем самым повысить достоверность интерпретации. Об этом свидетельствует многолетний опыт внутриметодного комплексирования наземных и трехкомпонентных скважинных измерений магнитного поля, полученный при изучении железорудных месторождений Красноярского края и других регионов [4, 17].

В течение последних 50 лет при проведении поисковых и разведочных работ на месторождениях ряда полезных ископаемых широко применялись магнитные измерения в скважинах, включающие скважинную магниторазведку и магнитный каротаж [21, 27, 28].

По результатам магнитных съемок стало возможным геологическое расчленение слабо магнитных осадочных, вулканогенно-осадочных, вулканических и метаморфических образований. Поскольку такие образования в ряде районов контролируют размещение месторождений меди, полиметаллов, золота, вольфрама и других металлов, магниторазведка стала более эффективной при косвенных поисках этих полезных ископаемых.

Скважинная магниторазведка основана на измерениях элементов вектора геомагнитного поля. Становление и развитие скважинной магниторазведки в нашей стране связано с именами А.Н. Авдонина, Б.М. Афанасьева, А.Н. Бахвалова, И.И.Глухих, Г.В. Иголкиной, В.П. Кальварской, Л.Н. Морозова, Г.Н. Константинова, А.М. Мухаметшина, В.Н. Пономарева, А.А. Попова, Б.П. Рыжего, В.Н. Страхова, Л.Г. Филиппычевой и др. Измерения выполняют с целью выяснения особенностей геологического строения околоскважинного пространства. По ее материалам осуществляют поиски слепых рудных тел из скважин, определяют элементы залегания рудных тел, подсеченных скважиной, и выясняют геологическую природу локальных магнитных аномалий, выявленных наземной или аэромагнитной съемкой. Скважинную магниторазведку в первые годы успешно применяли, главным образом, на месторождениях сильномагнитных железных руд.

Каротаж магнитной восприимчивости – КМВ основан на измерении магнитной индукции электромагнитного поля, возбужденного в околоскважинном пространстве с помощью индукционного источника и ее связи с магнитной восприимчивостью $к$ горных пород и руд [14]. Кривые КМВ позволяют уточнить геологический разрез скважины. По кривым $к$ осуществляют литологическое расчленение разреза, уточняют глубины залегания и видимые мощности пород с относительно повышенной или пониженной магнитной восприимчивостью. По магнитной восприимчивости в отдельных случаях определяют содержание железа в рудах [18]. Аппаратура магнитного каротажа обеспечивает возможность проведения исследований в скважинах, вскрывших как сильномагнитные, так и слабомагнитные породы.

Скважинную магниторазведку и магнитный каротаж обычно используют совместно, т.к. результаты этих методов взаимно дополняют друг друга.

Однако, помимо непосредственного обнаружения и определения параметров сильномагнитных рудных объектов, наземно-скважинные магниторазведочные технологии могут успешно использоваться и для решения более широкого круга геологических задач (в частности – для изучения внутреннего строения крупных интрузивных тел, несущих медно-никелевое оруденение).

Традиционно при поисках медно-никелевых месторождений, пространственно и генетически связанных с дифференцированными интрузиями основных-ультраосновных пород магнитная разведка применялась для решения геологических задач:

- выявления зон разломов земной коры, которые контролируют размещение рудоносных интрузий базит-гипербазитового состава;

- обнаружения и локализации дифференцированных интрузий основных-ультраосновных пород, характеризующихся различным направлением и интенсивностью намагниченности;

- выявления отдельных морфологических элементов интрузивных массивов;

- обнаружения и трассирования (в комплексе с другими методами) медно-никелевых сульфидных рудных тел.

При поисках сульфидного медно-никелевого оруденения на севе-ро-западной окраине Сибирской платформы детальную магнитораз-ведку (вплоть до микромагнитной съемки) применяют для выделения рудовмещающих структур (в первую очередь - разрывных наруше-ний), выявления отдельных структурных элементов интрузивных мас-сивов, поисков и оконтуривания (в комплексе с другими методами) медно-никелевых сульфидных рудных тел [6]. Для областей амфибол-скаполитового изменения пород с контактово-метасоматическим вкрапленным и прожилково-вкрапленным пирротин-халькопиритовым оруденением характерны интенсивные положительные магнитные аномалии (до 10000 – 15000 нТл), что обусловливает возможность применения магниторазведки для прямых поисков рудных тел указанного типа.

КМВ на сульфидных медно-никелевых месторождениях используется в комплексе с индукционным каротажем и позволяет решать задачи расчленения разрезов и их корреляции между скважинами, выделения рудных зон, изучения их внутреннего строения, определения мощности рудных пластов, разделения руд на типы. КМВ используют на предварительном этапе изучения скважин при выборе интервалов для применения методов ядерно-геофизического каротажа с определением содержания никеля [14].

На Кольском полуострове рудоносные зоны выделяются линейно вытяну-тыми положительными магнитными аномалиями с широко варьирующей интенсивностью от 400 до 14000 нТл [26]. Магнитная съемка применялась при поисках месторождений никеля в Среднем Приднепровье и на Среднем Урале. В пределах Украинского кристаллического щита магнитная съемка в комплексе с гравиразведкой проводилась с целью картирования ультраосновных пород — перидотитов, габбро-перидотитов, серпентинитов ($к=(350\div1500)\cdot10^{-5}$ ед. СИ), к коре выветривания которых приурочены месторождения силикатного никеля. При выделении аномалий ΔT, связанных с указанными образованиями, принимались во внимание, как морфологические особенности аномалий, так и значения эффективной намагниченности, используемые при количественной интерпретации этих аномалий. Присутствующие здесь железисто-кремнистые породы затрудняют выделение тел ультраосновных пород.

На Среднем Урале магниторазведка (масштаб съемок 1:10 000- 1:2 000) применялась при поисках элювиально-делювиальных месторождений никеля, обычно располагающихся в области контакта серпентинитов с известняками или породами туфосланцевой толщи и гранитных интрузий. Геофизическими критериями для поисков никелевых руд являются: а) зоны резких изменений Z_a, соответствующие контактам серпентинитов с осадочными породами; б) локальные аномалии пониженных значений Z_a, характеризующие никеленосные участки коры выветривания на серпентинитах; в) малоинтенсивные аномалии [15].

В данной работе приводятся результаты измерений магнитного поля выполненные на земной поверхности и в скважинах в пределах Кингашского кобальт-медно-никелевого месторождения, расположенного в Красноярском крае и приуроченного к Канскому зеленокаменному поясу. Получена детальная картина распределения магнитных неоднородностей в разрезе, выделены и оконтурены наиболее рудоперспективные блоки внутри Кингашского гипербазитового массива. В результате проведенных исследований, был получен уникальный опыт эффективного решения геологической задачи поискового характера для медно-никелевого оруденения зеленокаменного пояса.

Глава 2.
Физико-геологические предпосылки изучения
Кингашского месторождения магниторазведкой

2.1. Медно-никелевое оруденение зеленокаменных поясов

Сульфидные медно-никелевые месторождения неразрывно связаны с магматическими формациями, проявившимися в эпохи наивысшей тектоно-магматической активности планеты, как в докембрии, так и в фанерозое. Оруденение формировалось в эпохи главнейших структурных перестроек, при растяжении континентальной земной коры, которое сопровождалось огромными по масштабам излияниями ультрамафит-мафитовых магм на поверхность, либо образованием гигантских плутонов того же состава.

Сульфидные медно-никелевые месторождения расчленяются на ряд формаций по соотношению рудных компонентов в них [29] (главных - никеля и меди - и сопутствующих-кобальта и металлов платиновой группы - МПГ (рутений, родий, палладий, осмий, иридий) с выделением никелевых, медно-никелевых и никелево-медных формаций или субформаций в различных никеленосных провинциях мира (рис.1).

Анализ геотектонических позиций всех промышленных сульфидных медно-никелевых рудных формаций земной коры указывает на их приуроченность к структурам раздвигового характера – рифтогенным системам, с которыми связано выведение на поверхность значительных масс мантийного ультрамафит-мафитового вещества, что является главным региональным критерием поисков этих месторождений, не зависимо от их формационных типов.

Одним из типов никеленосных провинций являются архейские зеленокаменные пояса, которые представляют собой части фундамента щитов, содержащие протяженные троги, выполненные осадочно-вулканогенными толщами и разделенные гранито-гнейсовыми выступами и куполами [22]. Зеленокаменные пояса платформенной фазы, содержащие осадочные отложения внутри вулканических толщ, рассматриваются как сформированные в мелких водных впадинах при ограниченной тектонической активности. В таких толщах преобладают базальтовые лавы, экструзивные вулканиты сравнительно редки, известково-щелочные вулканиты обычно приурочены к изолированным центрам извержения.

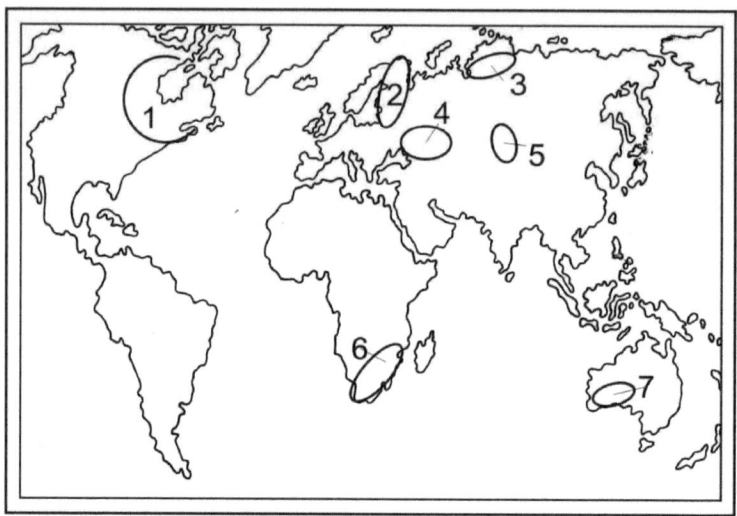

Рис.1. Расположение главнейших платиноидно-медно-никеленосных провинций мира (по Е.В. Тугановой):
1 - Северо-Американская; 2 - Балтийская; 3 - Восточно-Сибирская; 4 - Воронежская; 5 - Прибайкальская; 6 - Южно-Африканская; 7 - Западно-Австралийская

В зеленокаменных поясах рифтовой фазы осадков больше, а их состав и фациальная изменчивость рассматриваются как свидетельства того, что развитие бассейнов контролировалось разрывными нарушениями, которые, по предположению Д.И. Гровса и У.Д. Бата (1984), обусловливались растяжением и утонением коры, сопровождаемыми большим поступлением экструзивных коматиитов, известково-щелочных вулканитов и широким распространением базальтовых лав. Глубина отложения может быть различной, обстановка изменяется от субаэральной до глубоководной.

Характерной особенностью известных зеленокаменных поясов (Западно-Австралийского, Канадского, Южно-Африканского) является широкое развитие в низах разрезов перидотитовых и базальтовых коматиитов, сменяющихся выше толеитовыми и еще выше кислыми лавами и туфогенно-осадочными породами, метаморфизованными в зеленосланцевой (реже амфиболитовой) фации. Иногда разрез состоит из двух и более вышеописанных циклов.

Сульфидные никелевые месторождения ассоциируют с вулканическими и гипабиссальными проявлениями магматизма исключительно ультрамафитового состава [24]. Месторождения, приуроченные к вулканитам, локализованы в нижней части потоков перидотитовых коматиитов в виде линз и пластообразных тел массивных и сидеронитовых руд размером от нескольких метров до первых десятков метров [29].

Наиболее известны месторождения зеленокаменных поясов Западной Австралии (Камбалда, Уиндарра, Скотия и др.), Канады в поясе Абитиби (Лангмуир I и II, Алексо, Марбридж, Дональдсон, Шебандован, Тексман и др.) и Южной Африки в Зимбабве (Троян, Дамба-Сильвейн, Шангани, Ипок и др.).

Месторождения «зеленосланцевого» пояса Норман—Лавертон—Вилуна (западная Австралия) выходят на поверхность вокруг куполовидной складки, осложненной разломами. Базальты вскрываются в ядре складки и перекрываются 600-метровой толщей перидотитовых коматиитов, а над последними залегает следующая толща базальтов. 75 % руд приурочено к нижнему контакту ультрамафической толщи. На месторождении Камбалда массивные сульфиды залегают в основании толщи ультрамафитов на базальтах, выше них наблюдаются прожилково-вкрапленные руды, перекрывающиеся слабоминерализованными коматиитами. Запасы руд в месторождении Камбалда достигают более 24 млн. т при содержании никеля 1-4 (до 20 %). Основные запасы никеля локализуются в основании потоков. Среднее содержание благородных металлов, в том числе МПГ (в г/т) в рудах Камбалды: платины 0,033; палладия 0,043; родия 0,022; осмия 0,011; иридия 0,006, золота 0,034; серебра 0,12.

В 1997 Корневым Т.Я. в пределах юго-западного обрамления Сибирской платформы выделено одиннадцать зеленокаменных поясов: один - архейского

(Кузеевский), три - нижнепротерозойского (Канский, Нагатинский, Тагульский) и среднерифейского (Приенисейский, Устьангарский, Татарский, Ишимбинский, Майский. Казырский, Бирюсинский) возраста. Они имеют много общих черт - линейные очертания, синклинорное или моноклинальное строение и приуроченность к продольным глубинным разломам, относящимся к разряду дуговых с радиусом до 800 км.

Ширина этих поясов изменяется от 5 до 30 км, а длина от 180 до 700 км. Они образуют системы ветвящихся зон, сходящихся и расходящихся пучков, как бы окружающих выступы фундамента Сибирской платформы. В региональном плане пояса располагаются на площадях протяженных прогибов, окруженных вытянутыми куполами (антиклинориями) с развитием в их пределах гранитоидных массивов, образующих вместе с ними гранит-зеленокаменные области [12].

В пределах Канского зеленокаменного пояса выявлено Кингашское месторождение медно никелевых руд. Это месторождение располагается в северо-западной части Восточного Саяна (Красноярский край) и по геологическому строению, условиям залегания, рудно-петрографическим особенностям во многом схоже с месторождениями рудного поля Камбалда в Западной Австралии, являющимися крупными по запасам и достаточно богатыми по содержанию никеля [23].

2.2. Канский зеленокаменный пояс

Кингашское месторождение входит в Кингашский рудный район, протягивающийся с северо-запада от устья р. Кингаш на юго-восток до р. Агул, его длина достигает 90 км при ширине от 5 до 20 км. В структурном плане район отвечает Караганской синклинали.

Кингашский рудный район расположен в пределах Канского зеленокаменного пояса, вытянутого вдоль Канского глубинного разлома. Пояс охватывает узкую полосу северо-западной части Восточного Саяна и приурочен к краевому юго-западному выступу Сибирской платформы (рис.3.2

[13]). Протяженность пояса от р. Бол. Бирюса на юго-востоке до р. Кирели на северо-западе свыше 200 км при ширине от 5 до 30 км. В его строении принимают участие осадочные, магматические и метаморфические образования раннего протерозоя, среднего-верхнего рифея, венда и нижнего палеозоя.

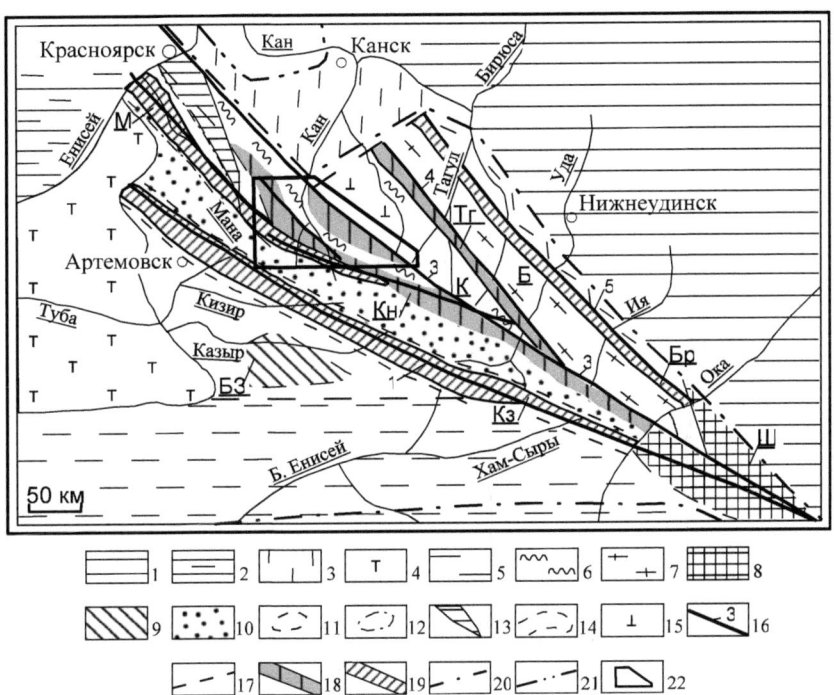

1 -4 - платформенные отложения палеозоя и мезозоя: Сибирскои платформы (1), Западно-Сибирской плиты (2), Рыбинской (3) и Минусинской (4) впадин; 5 - вулканогенно-осадочные метаморфизованные отложения палеозоя; 6-9 - основные докембрийские структуры: 6 - Канская (К), 7 - Бирюсинская (Б), 8 - Шарыжалгайская (Ш), 9-Базыбайская (БЗ) глыбы; 10-Дербинский антиклинорий; 11-12-синклинории: 11 -Сисимо-Казырский, 12- Манский; 13-15-прогибы: 13- Манский, 14-Присаянский, 15-Агульский; 16-зоны глубинных разломов: 1 -Казырскии, 2 - Манский, 3 - Канский, 4 - Тагульский, 5 - Бирюсинский; 17 - региональные и прочие зоны глубинных разломов; 18-19-зеленокаменные пояса: 18 - нижнего протерозоя (Кн - Канский, Тг - Тагульский), 19 – верхнего протерозоя (Кз - Казырскии, М - Манскии, Бр - Бирюсинский); 20-21 – контуры Восточного Саяна (20) и Енисейского кряжа (21); 22 - площадь Кингашского рудного района

Рис.2. Обзорная тектоническая схема Канского зеленокаменного пояса: (по Корневу Т.Я., Романову А.П. и Князеву В.Н.)

Общая мощность стратиграфического разреза Канского зеленокаменного пояса составляет более 20 км. На докембрий приходится свыше 15 км мощности его разреза. Основу Канского зеленокаменного пояса составляют парапороды раннего протерозоя, среднего-верхнего рифея, метаморфизованные в условиях от зеленосланцевой до амфиболитовой фаций.

В строении разреза принимают участие метаморфизованные и осадочные толщи докембрия, расчлененные на три разновозрастные серии (снизу вверх): караганскую, дербинскую (ранний протерозой) и кувайскую (средний-поздний рифей). Все они характеризуются своими специфическими комплексами осадочных, магматических и метаморфических пород. В северо-восточной части региона развиты неметаморфизованные терригенные и вулканогенно-карбонатно-терригенные отложения венда (оклерская свита) и раннего-среднего палеозоя.

Докембрийские отложения сформировались в период двух тектоно-магматических циклов - карельского (караганская и дербинская серии) и байкальского (кувайская серия). Вендские и ранне- среднепалеозойские отложения сформировались в каледонский цикл.

Наибольшую площадь на рассматриваемой территории занимают нижнепротерозойские отложения караганской серии и вулканиты рудоносной базальт-коматиитовой формации (кингашский комплекс).

Караганская серия характеризуется сложным, но сравнительно выдержанным в корреляционном отношении составом и строением. Ее слагают высокометаморфизованные гнейсы, сланцы, мраморы, кварциты, ортоамфиболиты, метабазальты, метапикробазальты, метакоматииты и их туфы. Мощность ее достигает 7 км. Нижние части разреза серии не обнажены. Также неизвестны взаимоотношения верхних ее уровней с перекрывающими отложениями дербинской серии раннего протерозоя. Большинство исследователей проводит границы между отложениями этих серий по разлому.

Караганская серия расчленяется на две свиты (толщи) – нижнюю, кулижинскую, мощность не менее 3 км, существенно метатерригенную, гнейсовую и верхнюю, кингашскую. Взаимоотношения между ними согласные. Раннепротерозойский возраст пород караганской серии определяется геохронологическими датировками в 2,1-2,3 млрд. лет (Ножкин, 1997).

Кулижинская свита сложена сравнительно монотонными метатерригенными породами, представленными гранат-биотитовыми, биотитовыми, силлиманитовыми, амфиболовыми, амфибол-биотитовыми гнейсами, кварцитами; широко развиты мигматиты. Исходным материалом для ее образования послужили мощные толщи переслаивающихся между собой глинистых и песчано-глинистых сланцев, преобразованных в результате регионального метаморфизма. Отложения свиты широко развиты в антиклинальных структурах - Кулижинской, Тукшинской, Игильской.

Кингашская свита, по сравнению с кулижинской, имеет более сложный карбонатно-вулканогенно-терригенный состав. Основу ее составляют гранат-биотитовые и амфиболовые гнейсы, для нее весьма характерно широкое развитие маломощных прослоев и линз мраморов. В ней очень широко (до 30-50 %) развиты вулканиты основного и ультраосновного составов (коматииты, пикробазальты, базальты и их туфы) базальт-коматиитовой формации и их метаморфизованные производные - серпентиниты, тремолит-актинолитовые породы и ортоамфиболиты. Нижняя граница свиты проводится по появлению в разрезе первых прослоев и линз мраморов и вулканитов основного и ультраосновного составов. Данные породы являются специфичной особенностью кингашской свиты и хорошо используются для корреляции ее в разных структурах на площади Канского зеленокаменного пояса. Общая мощность свиты около 4 км.

Заметное развитие в юго-западной части Канского пояса имеют метаморфизованные терригенно-карбонатные отложения дербинской серии раннепротерозойского (?) возраста, залегающие в ядре Дербинского антиклинория. Она расчленяется на три свиты (снизу): алыгджерскую, дербинскую и жайминскую. Отложения ее метаморфизованы в условиях эпидот-амфиболитовой и амфиболитовой фаций. Основу ее составляют мраморы, кварц-биотит-амфиболовые гнейсы, кварц-биотитовые, кварц-слюдяные, углеродистые и кремнистые сланцы и кварциты. Раннепротерозойский возраст их определяется залеганием под отложениями кувайской серии среднего-верхнего рифея и подтверждается радиогеохронологическими данными (более 1550 млн. лет).

Средний-верхний рифей представлен породами кувайской серии. Отложения ее имеют ограниченное распространение в основном вдоль контакта караганской и дербинской серий. Ее слагают карбонатно-вулканогенно-терригенные отложения мощностью до 4 км. Преобладают черносланцевые толщи, заметно развиты карбонатные отложения. Широко развиты вулканогенные отложения, представленные базальтами, риолитами, андезитами и их туфами. Все они метаморфизованы в условиях зеленосланцевой фации, средне-верхнерифейский возраст их определяется в пределах 1-1,3 млрд. лет и прорываются более молодыми гранитами. Отложения кувайской серии несогласно перекрываются отложениями позднего рифея, венда и раннего палеозоя.

Отложения оклерской свиты (венд) имеют ограниченное распространение и развиты только по северо-восточной части Канского зеленокаменного пояса. Они представлены в основном неметаморфизованными песчаниками, алевролитами, конгломератами.

Нерасчлененные отложения раннего и среднего палеозоя (кембрийские, ордовикские и девонские) слагают Кингашскую моноклиналь и залегают на отложениях караганской серии несогласно.

Территория Канского зеленокаменного пояса в структурном отношении характеризуется резко выраженными линейными очертаниями и представляет собой разбитую продольными, кососекущими и поперечными разломами крупную синформную (троговую) зону с синклинальным строением. Вдоль нее широко развиты интрузивы и вулканиты основного и ультраосновного составов кингашского базальт-коматиитового комплекса. Пояс образует систему ветвящихся зон (синклиналей), проявленных вдоль крупных оперяющих его дизъюнктивов, относимых к разряду глубинных. К последним в пределах рассматриваемой северо-западной части пояса относятся Агульский и Кирельский с широким развитием пород коматиитовой серии и связанного с ними медно-никелевого, платинового и золотого оруденения.

Канский зеленокаменный пояс четко подразделен на три зоны - Кингашскую, Малотагульскую и Кирельскую, которые приурочены к одноименным синклиналям, характеризующимся широким развитием пород коматиитовой серии ультраосновного и основного составов кингашского базальт-коматиитового и идарского дунит-гарцбургитового комплексов. Дизъюнктивная тектоника на площади Канского зеленокаменного пояса проявлена весьма интенсивно. Четко выделяются два ведущих направления дизъюнктивных нарушений - северо-западное, совпадающее с общей структурой региона, и северо-восточное. Присутствуют также субширотные и субмеридиональные направления дизъюнктивов.

Глубинные разломы имеют северо-западное направление. Дизъюнктивы северо-западного направления определяют основные структурные элементы геологического строения региона. Их простирание часто совпадает с направлением складчатости метаморфических толщ. С этими нарушениями часто связаны мелкие тела и массивы кингашского базальт-коматиитового и идарского дунит-гарцбургитового комплексов. Также значительную роль в распределении образований кингашского комплекса и связанного с ними оруденения играют дизъюнктивы структур оперения Канского и Кирельского глубинных разломов. Они имеют ориентировку от субширотной до субмеридиональной.

Магматические породы на территории Канского зеленокаменного пояса и смежных с ним площадей сформировались в течение карельского, байкальского и каледонского тектономагматических циклов. Наиболее распространенными магматитами в регионе являются базиты, ультрабазиты и гранитоиды. Представлены они всеми фациями: от абиссальных до эффузивных и занимают до 30% площади. Широко развиты метаморфизованные разности магматитов.

К раннепротерозойским магматическим комплексам относятся (от ранних к поздним): кингашский, идарский, кулибинский, кузьинский, тукшинский (кирельский, саянский). Они распространены среди отложений караганской серии и относятся к образованиям карельского тектоно-магматического цикла. Резко преобладают среди них магматиты кингашского комплекса, представленного вулканогенными отложениями караганской серии и ассоциирующими с ними субвулканическими и гипабиссальными разностями.

Идарский дунит-гарцбургитовый комплекс представлен редкими мелкими, часто послойными телами перидотитов, дунитов и образованных по ним серпентинитов. Пока неясны его взаимоотношения с кингашским комплексом, по-видимому, он является его интрузивным комагматом.

Кузьинский вулканический риолит-базальтовый комплекс имеет ограниченное распространение в северо-западной части региона. Он представлен мелкими пластовыми телами и линзами мощностью до 20 м и протяженностью до 500 м метабазальтов и метариолитов. Преобладающими являются метабазальты (ортоамфиболиты) по базальтам.

Тукшинский гранитоидный комплекс пользуется сравнительно широким распространением. Он представлен мелкими, зачастую послойными, реже секущими телами и мелкими массивами биотитовых гранитов, плагиогранитов, гранодиоритов и мигматитов. Площадь их выходов обычно не превышает $1\div5$ км^2.

В составе байкальского тектоно-магматического комплекса выделяются (от ранних к поздним) магматические комплексы: урманский коматиит-базальтовый, акшепский дунит-гарцбургитовый, нижнедербинский дунит-пироксенит-габбровый, кувайский риолит-андезит-базальтовый. Породы этих комплексов располагаются преимущественно в отложениях кувайской серии среднего-верхнего рифея, подвергшихся региональному метаморфизму в верхнерифейское время, и прорваны гранитами дербинского комплекса верхнерифейского возраста.

Канский зеленокаменный пояс - золотоносная провинция, открытая в середине XIX века и до сих пор имеющая значительные перспективы обнаружения как коренных, так и россыпных месторождений золота. Золото выявлено в сульфидных медно-никелевых рудах Кингашского месторождения и в ряде рудопроявлений, таких как Кусканак, Горелое Куе.

С геологических позиций важна ассоциация месторождений и проявлений золото-сульфидной и золото-сульфидно-кремнистой формаций с базальт-коматиитовыми формациями, что имеет принципиальное значение для различных мировых регионов золотодобычи. Эти рудные формации хорошо изучены на примере зеленокаменных поясов Западной Австралии и Индии. Важной аналогией этих месторождений с Канским зеленокаменным поясом является приуроченность рудных тел к толщам вулканогенных образований (коматиитам, пикробазальтам, базальтам) мощностью до 500 м либо к их субвулканическим комагматам. Рудные тела пластовой или линзовидной формы, мощностью обычно в первые десятки метров и протяженностью в сотни метров, имеют близкий к Кингашскому рудному району состав руд: они существенно пентландит-пирротиновые. Содержание золота и МПГ составляет от сотых долей г/т до первых г/т. С месторождениями такого типа в Австралии и в Африке часто пространственно и генетически ассоциируют железистые кварциты и сульфидно-кремнисто-терригенные породы.

В Канском зеленокаменном поясе площади, перспективные на никель, золото и МПГ, приурочены к нижней вулканической толще кингашской свиты. Кингашское месторождение медно-никелевых руд с золотом и МПГ по этим особенностям сходно с месторождениями рудного поля Камбалда в Западной Австралии, что определяет стратиграфический контроль оруденения. Аналогично размещение золоторудных объектов и в Кингашском рудном районе, где большинство медно-никелевых проявлений с золотом и МПГ приурочено к нижним частям вулканических ритмопачек кингашского базальт-коматиитового комплекса, а золото-сульфидные объекты - чаще к верхним.

В Кингашском рудном районе проявления сульфидной медно-никелевой формации с золотом и МПГ связаны обычно с лавами и субвулканическими телами магнезиальных коматиитов и ассоциирующих с ними пикробазальтов, а проявления золото-сульфидной - приурочены зачастую к туфам метакоматиитов и метабазальтов, вулканогенно-осадочным и осадочным породам.

Метавулканиты Канского зеленокаменного пояса базальт-коматиитового состава и содержащиеся в них рудные образования близки базальт-коматиитовой серии многих известных зеленокаменных поясов мира. Эти и рудоносные вулкано-плутонические образования специализированы на никель, МПГ, золото. К полям развития их приурочены проявления коренного золота и МПГ, а также и россыпи этих металлов. Вполне закономерна пространственная и генетическая связь с породами комплекса благороднометального оруденения в сульфидных медно-никелевых рудах и золото-сульфидного оруденения [23].

2.3. Кингашское месторождение сульфидных медно-никелевых руд

Кингашское месторождение генетически связано с породами кингашского базальт-коматиитового комплекса раннепротерозойского возраста (рис. 3). Породы месторождения представлены метаморфизованными высоко-магнезиальными коматиитами (более 30 % MgO), низкомагнезиальными коматиитами (20-30 % MgO), пикробазальтами, пироксиенитами, высокомагнезиальными базальтами, базальтами, дунитами, перидотитами, габбро и долеритами и их метаморфизованными производными - серпентинитами, тремолит-актинолитовыми породами и ортоамфиболитами. Породы Кингашского месторождения прорваны дайками кислого состава.

Породы Кингашского комплекса метаморфизованы в условиях эпидот-амфиболитовой и амфиболитовой фаций повышенных давлений [13]. Они превращены в серпентиниты, тремолит-актинолитовые породы, ортоамфиболиты. Тем не менее, участками отмечаются хорошо сохранившиеся первично магматические минералы (оливин, клинопироксен, ортопироксен),

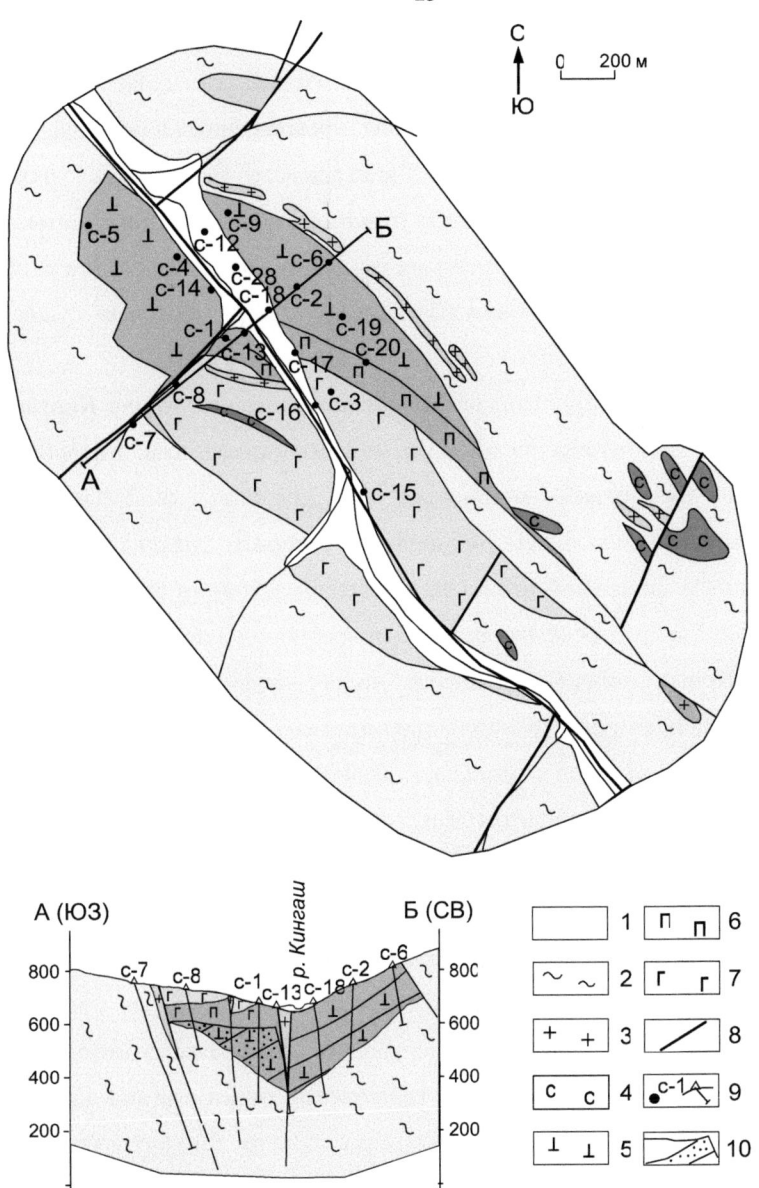

1 – аллювиальные отложения; 2 – гнейсы, амфиболиты; 3 – дайки кислого состава; 4 – серпентиниты; 5 – перидотиты, оливиниты; 6 – пироксениты; 7 – габбро; 8 – тектонические нарушения; 9 –буровые скважины; 10 – горизонты вкрапленных руд

Рис.3. Схематическая геологическая карта и разрез Кингашского месторождения медно-никелевых руд

(по материалам АО «Красноярскгеология»)

первичные структурные и текстурные особенности пород. Породы кингашского комплекса образуют пластовые тела - потоки, силлы, согласные с вмещающей толщей. Отмечаются дайки основных пород, превращенные в ортоамфиболиты. В основании ритмопачек пород кингашского комплекса находятся высокомагнезиальные коматииты либо низкомагнезиальные коматииты. Выше по разрезу ритмопачки магнезиальность пород падает и разрез обычно завершается пикробазальтами или базальтами. Между породами существуют все переходные разности.

Собственно рудовмещающая базальт-коматиитовая толща Кингашского месторождения расчленена на пять ритмопачек (коматииты, пикробазальты, базальты и их туфы) мощностью в пределах 60-250 м. Нижняя (подрудная)наиболее мощная ритмопачка содержит редкие маломощные прослои и линзы метакоматиитов. Она сложена в основном ортоамфиболитами с небольшим объемом тремолит-актинолитовых пород с прослоями мраморов и гранат-биотитовых гнейсов. В нижних частях других четырех рудоносных пачек развиты преимущественно метакоматииты и серпентиниты по ним. Среди лав коматиитов изредка выделяются пластовые интрузии серпентинизированных перидотитов и дунитов. В верхних частях ритмопачек наряду с метакоматиитами развиты метапикробазальты, метабазальты и их туфы, а также габбро и пироксениты, преобразованные в тремолит-актинолитовые породы и амфиболиты. Кроме того, в верхах нижнего (второго) ритма отмечаются слои и линзы мраморов мощностью до 10 м и протяженностью до 150 м. Рудовмещающая базальт-коматиитовая толща вместе с вмещающими отложениями караганской серии слагают Кингашскую синклиналь (флексуру) северо-западного простирания с пологим погружением ее оси на юго-восток.

Кингашское месторождение сульфидных медно-никелевых руд приурочено к ядру Кингашской синклинали, которая рассматривается как обусловленная Кингашским разломом флексура в северо-восточном борту Караганской синклинали. Поисково-оценочными работами (Белогорская ГРП

ОАО «Красноярская горно-геологическая компания») установлено, что рудовмещающая толща не заканчивается на периклинали Кингашской синклинали к северу от руч. Рудного, а делает резкий изгиб сначала на юг, затем на северо-запад. Это указывает на то, что рудоносная толща низов кингашской свиты прослеживается на всем северо-восточном крыле Караганской синклинали в целом с падением слоистости пород на юго-запад под углами 30-80°. Крупный глубинный Кигашский разлом северо-западного простирания, который трассируется через Кингашскую синклиналь, является рудоконтролирующим. Отмечаются оперяющие его дизъюнктивы и несколько разломов северо-восточного простирания.

Рудовмещающие базиты и ультрабазиты залегают согласно с вмещающими парапородами кингашской толщи, содержат в своем составе согласные их слои (мраморы, парасланцы). Вулканиты тонко- и мелкозернистые, нередко порфировидные и тонкополосчатые, в них отмечаются миндалекаменная текстура, шаровая отдельность и лавобрекчии, туфовый материал, интерстиционное вулканическое стекло (до 30-70 %), наблюдается характерная для вулканитов зональность минералов (оливина, пироксена), закалочная структура спинифекс. Все это говорит о вулканогенной природе большей части пород и залегающих в них залежей сульфидных медно-никелевых руд.

Преобладание в рудах Кингашского месторождения никеля над медью в пределах (2-3):1 указывает на отделение части рудного расплава-раствора от силикатного расплава еще на ранней стадии кристаллизации и преимущественно в нижних частях ритмопачек. Оруденение устанавливается в интерстициях вулканического стекла, кумулатах и в мелких секущих прожилках, но большая часть в виде сингенетичной вкрапленности различной насыщенности. Приведенные данные указывают на то, что рудоносные вулканогенные породы кингашского базальт-коматиитового комплекса возникли в условиях дифференциации ультрабазит-базитовой магмы.

Вся Кингашская рудная зона характеризуется наличием золоторудных проявлений, относящихся преимущественно к сульфидной медно-никелевой с золотом и платиноидами формации. Сульфидные комплексные медно-никелевые руды Кингашского месторождения содержат (в среднем) золота 30 мг/т, платины 80 мг/т, палладия 60 мг/т. Наиболее высокие содержания платиноидов наблюдаются в сульфидизированных метакоматиитах и метапикробазальтах, содержащих повышенное количество магния, никеля, меди и золота.

Кингашское месторождение достаточно хорошо выражено в геофизических и геохимических полях. Кингашский рудный район характеризуется положительной аномалией поля силы тяжести, обусловленной значительным объемом ультрабазитов и базитов, обладающих повышенной плотностью по сравнению с вмещающими их метаморфическими породами. В этом он подобен Платиноносному поясу Урала [24]. Магнитное поле характеризуется в основном сравнительно низкими значениями ΔT_a . Большая часть магнитных аномалий наблюдается над телами ультрабазитов и базитов кингашского комплекса, в зоне Канского глубинного разлома и оперяющих его дизъюнктивов, а также в пределах очаговых зон вулканизма. По данным аэромагнитной съемки (рис.4) положительными локальными аномалиями амлитудой 100-300 нТл фиксируются участки выходов на поверхность ультрабазитов и базитов кингашского комплекса.

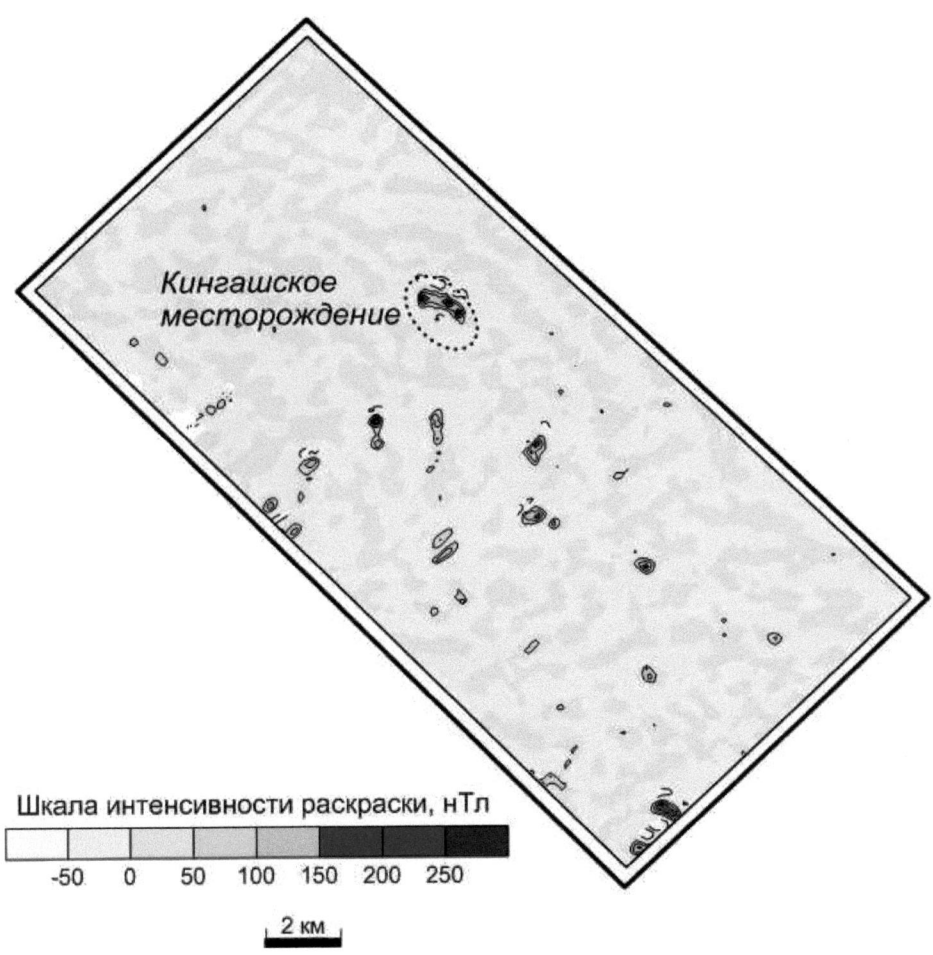

Рис. 4. Карта локальных аномалий модуля напряженности
магнитного поля ΔТ Кингашского рудного района
(по материалам аэромагнитной съемки Центрально-Арктической ГРЭ)

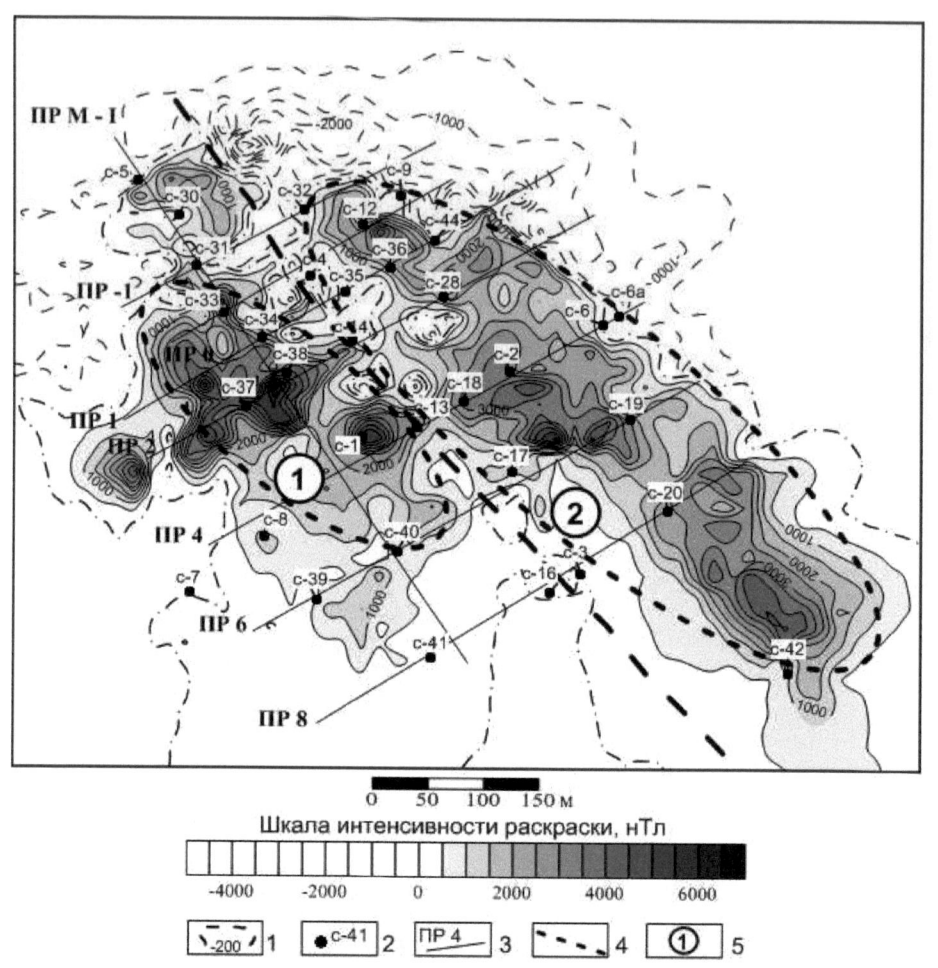

1 - изодинамы ΔT_a магнитного поля, нТл; 2 - скважины и их номера; 3 - разведочные линии (профили моделирования); 4 - Кингашский рудоконтролирующий разлом; 5 - аномальные области: Юго-Западная (1) и Северо - Восточная (2)

Рис.5. Карта изодинам аномального магнитного поля ΔT_a
Кингашского рудного поля
(по материалам КНИИГиМС)

В геохимических полях Кингашское месторождение характеризуется наличием комплексных аномалий хрома, никеля, меди, кобальта, серебра в первичных и вторичных ореолах.

2.4. Петромагнитная характеристика Кингашского месторождения

Исследования физических свойств пород Кингашского месторождения проводились лабораторией петрофизики Красноярского научно-исследовательского института геологии и минерального сырья (КНИИГиМС) под руководством Э.Н. Линда. По петромагнитным параметрам в пределах месторождения выделяется несколько групп горных пород.

В первую группу «практически немагнитных» пород исследуемой территории вошли мраморизованные известняки, различные гнейсы, кварц-полевошпатовые метасоматиты. К ней же отнесены некоторые магматические породы: габбро, габбро-пироксениты, амфиболиты, габбро-амфиболиты, пироксениты. Намагниченность пород этой группы в редких случаях превышает величину 1^*10^{-2} А/м, что свидетельствует об отсутствии в них ферромагнитных минералов..

К группе «слабомагнитных» пород отнесены перидотиты, которые, из-за слабой серпентинизации, характеризуются модальными интервалами индуцированной J_i и естественной остаточной намагниченности J_n $[25÷100]^*10^{-2}$ А/м, при средних значениях 64.8^*10^{-2} А/м и 85.1^*10^{-2} А/м, соответственно. Пироксениты при серпентинизации и амфиболизации приобрели среднюю индуцированную намагниченность $J_i{=}37.7{\cdot}10^{-2}$ и среднюю естественную остаточную намагниченность $J_n{=}161.2{\cdot}10^{-2}$ А/м соответственно.

Первичные перидотиты являются практически немагнитными горными породами [30]. Однако, изучение рудовмещающих перидотитов Кингашского массива, позволило установить, что у серпентинизированных перидотитов величина J_i достигает 350^*10^{-2} А/м (среднее значение 187.5^*10^{-2} А/м, модальный интервал $(100{-}150)^*10^{-2}$ А/м), величина J_n – до 2000^*10^{-2} А/м и более (среднее значение 461.8^*10^{-2} А/м, модальный интервал $(50{-}150)^*10^{-2}$ А/м).

Широкий размах значений J_n отражает разную степень серпентинизации пород. Это доказано Л.А. Чайкой и Ф.С. Файнбергом на примере перидотитов Ветреного пояса. Детальные исследования состава, степени серпентинизации, распределения плотности, J_i и J_n в трех группах штуфных проб (слабо серпентинизированный перидотит – интенсивно серпентинизированный перидотит – серпентинит) показали прямую зависимость интенсивности намагниченности от степени серпентинизации – возрастание J_i в 1,5-3 раза, J_n – в сотни раз, причем иногда неравномерно и резко. Установлено, что основным носителем магнетизма в данном случае является магнетит, причем этот минерал практически отсутствует в несерпентинизированных пироксенитах, амфиболитах, габбро, габбро-пироксенитах и т.д. и появляется только в серпентинизированных разностях [23].

В процессе серпентинизации перидотитов существенно повышаются их магнитные характеристики. Это подтверждается результатами технологического опробования месторождения. Наиболее богатая полезными компонентами проба ТП-1 при равных значениях плотности ($\sigma = 2,77$ г/см^3) и магнитной восприимчивости (80^*10^{-3} ед. СИ) по сравнению с менее богатой пробой ТП-2, характеризуется более высокими средними значениями $J_n = 546^*10^{-2}$ А/м (для ТП-2 $J_n = 380^*10^{-2}$ А/м). Однако, это связано не с сульфидным оруденением, а с составом вмещающих его пород, точнее - с количеством главного ферромагнитного минерала – магнетита. По данным института "Гипроникель" в пробах ТП-1, ТП-2 средние содержания магнетита составляют 5.8 % и 2.9 %, соответственно. Этим вполне можно объяснить различие в средних значениях естественной остаточной намагниченности пород в пределах опробованных интервалов.

Изучение шлифов показало, что при прорастании силикатами периферия или весь объем сульфидных рудных вкрапленников разбивается на угловатые блоки с прямолинейными границами. Замещение первичных сульфидов магнетитом происходит вдоль границ вкрапленников и по трещинам внутри сульфидов. Оксидное оруденение представлено преимущественно магнетитом и значительно меньше - хромшпинелидами и ильменитом. Наблюдается прямо пропорциональная зависимость количества вторичного магнетита от степени серпентинизации пород.

Следует отметить, что в зоне гипергенеза процесс серпентинизации продолжает происходить и в настоящее время. Но этот процесс идет только по уже сильно серпентинизированным породам и не затрагивает относительно слабоизмененные ультрабазиты, т.е. происходит увеличение контрастности аномальных магнитных эффектов между участками серпентинизированных (потенциально рудоносных) и несерпентинизированных пород. Это явление объясняется химическим намагничиванием магнетита в момент его образования суммарным магнитным полем Земли и окружающих зерен [23].

Анализ результатов каротажа магнитной восприимчивости, проводимый с целью определения физических характеристик основных разновидностей пород Кингашского месторождения, и сравнения их с петрофизическими свойствами, полученными по образцам, позволил отметить резкую и неравномерную смену величины магнитной восприимчивости κ в образцах керна интенсивно серпентинизированных перидотитов месторождения (скв. 35, глубина 50 м) – в штуфе длиной 15 см значение магнитной восприимчивости возрастает в 8 раз (от $4\cdot10^{-3}$ до $33\cdot10^{-3}$ ед. СИ, без поправки за размер образцов).

Верхняя часть разреза Кингашского месторождения представлена в различной степени серпентинизированными перидотитами, нижняя – метасоматическими и метаморфическими образованиям (кварц-полевошпатовые породы, мраморизованные известняки, слюдиты, метасоматиты с гранатом). Граница раздела между вышеописанными комплексами пород четко фиксируется по данным КМВ. Ультраосновные породы характеризуются повышенной магнитной восприимчивостью (до $10\cdot10^{-3}$ ед. СИ и более), породы нижней части разреза – пониженной (менее $1\cdot10^{-3}$ ед. СИ). Обобщенные сведения о магнитной восприимчивости κ горных пород по КМВ приведены в таблице 1.

Под названием кварц-полевошпатовых измененных пород в случае их расположения в мраморах и гнейсах понимаются породы кварц-полевошпатового состава с широким развитием граната, кальцита, диопсида, сульфидов, а в случае их размещения среди магматических пород в них появляются пироксены, амфиболы, биотит, хлорит, тремолит и обычно обильная (до 30 %) сульфидная минерализация.

Таблица 1

Характеристика магнитной восприимчивости
горных пород Кингашского месторождения

Название породы	Магнитная восприимчивость $\kappa \cdot 10^{-3}$ ед. СИ	
	от ÷ до	среднее
Кварц-полевошпатовые породы	<1	-
Мрамора, известняки	<1	-
Кварц-полевошпатовые породы измененные	<1	-
Мрамора измененные	<1	-
Гнейсы амфиболовые	<1	-
Амфиболиты	1÷3	1,27
Габбро-амфиболиты, габбро-пироксениты	<1	-
Перидотиты	1÷10	4,5
Серпентиниты	4÷12	8,4
Перидотиты серпентинизированные	1÷11	5,5

Можно отметить, что породы рудовмещающего комплекса (серпентинизированные перидотиты, серпентиниты по ним) отличаются повышенной магнитной восприимчивостью до $11 \cdot 10^{-3}$ ед. СИ. Вмещающие Кингашский интрузив породы (гнейсы, кварц-полевошпатовые породы, мрамора, известняки, а также их измененные разности) являются практически немагнитными, что подтверждается данными КМВ. Скважинами подсечено большое количество жильных тел амфиболитов, кварц-полевошпатовых пород, секущих оруденелые серпентиниты. Эти жилы четко выделяются пониженными значениями *к* на кривых КМВ на фоне серпентинитов. Дифференциация превалирующих разновидностей пород по величине *к* является достаточно ярко выраженной, что позволяет использовать материалы КМВ для расчленения геологического разреза.

Области развития ультрамафитов с высокой намагниченностью, отражающиеся интенсивными положительными магнитными аномалиями, могут рассматриваться как перспективные на обнаружение сульфидных медно-никелевых руд. Результаты изучения вещественного состава медно-никелевых руд, в комплексе с данными петрофизических исследований послужили предпосылкой для постановки скважинной трехкомпонентной магнитной съемки и каротажа магнитной восприимчивости в пределах Кингашского массива [8]. Наблюдения проводились Южной геофизической экспедицией ОАО «Красноярскгеология» во всех 23 скважинах, пробуренных в пределах массива. Автором выполнялась интерпретация полученных материалов.

Глава 3.

Комплекс наземно-скважинных магниторазведочных исследований Кингашского месторождения

3.1. Методика полевых магнитных измерений

Целью магниторазведочных работ являлось уточнение особенностей структурно-тектонического строения Кингашского медно-никелевого месторождения и морфологии известных рудных тел, а также выявление рудоперспективных магнитоактивных объектов в околоскважинном пространстве и на флангах рудного поля.

Для измерений магнитного поля и магнитной восприимчивости в скважинах Кингашского массива использовался серийный магнитометр ТСМК-30 (трехкомпонентный с осевой системой феррозондов), позволивший решить поставленные задачи.

Магнитометр ТСМК-30 представлен наземным пультом и двумя скважинными снарядами: "ΔZ-к" и "ССТ". Снаряд "ΔZ-к" обеспечивает возможность непрерывных измерений ΔZ (приращение вертикальной составляющей $\bar{T}$) и к при перемещении снаряда вдоль оси скважины. Снаряд составляющих поля (ССТ) - поочередное определение составляющих X', Y', Z' с остановкой снаряда в точке измерений. Z' -проекция $\bar{T}$ на ось скважины; X' - составляющая, перпендикулярная к Z' и действующая в плоскости искривления скважины (т.е. в вертикальной плоскости, проходящей через ось скважины) и Y'- составляющая, перпендикулярная к Z' и X'. Составляющая Y' перпендикулярна к плоскости искривления, т.е. является горизонтальной. Способ измерения поля - компенсационный. Мерой поля служит сила тока компенсации. Чувствительным элементом канала восприимчивости является катушка индуктивности с разомкнутым сердечником. Катушка совместно с постоянной емкостью образует резонансный контур. С изменением магнитной восприимчивости среды, окружающей катушку, ее индуктивность, а вместе с ней и резонансная частота контура $f_{рез}$ изменяются. Резонансная частота контура модулируется с эталонной частотой кварцевого генератора $f_э$. О величине $к$ судят но разностной частоте $\Delta f = f_{рез} - f_э$.

Каналы составляющих $\overline{T}$ позволяют измерять поле в пределах ±80 мкТл и с ручным расширителем до ±180 мкТл, со средней квадратической ошибкой до ±200 нТл. Снаряд "ССТ" применяют только в наклонных скважинах с углами отклонения оси скважины от вертикали от 3 до 87°. Канал магнитной восприимчивости позволяет измерять значения $к$ в диапазоне от $1 \cdot 10^{-4}$ до 10 ед. СИ. Этот диапазон разбит на 5 поддиапазонов. Погрешность определения $к$ - не более 5 %.

Скважинные снаряды имеют диаметр 30 мм и выдерживают гидростатическое давление до 22 МПа. Питание от сети – 220 В, 50 Гц. Потребляемая мощность - 10 Вт.

ТСМК-30 позволяет выполнять наблюдения в скважинах глубиной до 2000 м с диаметром 36 мм и более. Максимальную глубину 440 м на Кингашском месторождении имеет скважина 40.

Масштабы записи измеряемых параметров выбирались в зависимости от диапазона изменения их в пределах Кингашского массива. Предварительно они намечались исходя из геолого-геофизических предпосылок. Окончательно стандартные масштабы для Кингашского массива были установлены опытным путем, а именно: проведением измерений в скважине, встретившей породы и руды с предельными значениями магнитных свойств (2000-5000 нТл на 1 см диаграммной бумаги). Скорость регистрации составляла 500-800 м/час.

Масштабы записи диаграмм магнитной восприимчивости выбирались так, чтобы наиболее часто встречающиеся в данном районе значения отмечались амплитудами кривых, составляющими 70—80 % от ширины диаграммной ленты. Масштабы перекрытий выбирались с расчетом, чтобы при детализации заниженные или завышенные значения магнитной восприимчивости, необходимые для решения задачи, можно было записать с амплитудой не менее 50 % от ширины диаграммной ленты. По безрудным интервалам кривая напряженности поля записывалась на наиболее высокой чувствительности аппаратуры. Внутри рудных зон, т. е. при интенсивных аномалиях поля, масштабы регистрации напряженности поля устанавливались таким же образом, как и для диаграмм магнитной восприимчивости (7,5)*10-3 ед. СГС на 2 см диаграммной бумаги).

Масштабы глубин для записи кривых магнитной восприимчивости и напряженности магнитного поля соответствовали принятым масштабам геологической документации 1: 1 000 (колонок по скважинам, разрезов по профилям). Аномальные магнитные поля в скважинах приведены к нормальному магнитному полю земли. С этой целью в районе работ выбирался контрольный пункт $КП_0$, поле которого характеризовалось малыми градиентами и по величине являлось близким к нормальному.

Кривые записывались при подъеме скважинного снаряда. Точность оценивалась по сходимости основных измерений с повторными и не превышала 5 %. Географический азимут искривления скважины и зенитный угол определялся с помощью гироскопического инклинометра, применимого в магнитных средах, ИГ-70.

Комплекс скважинной магниторазведки и магнитного каротажа дополняли наземные высокоточные измерения магнитного поля T с магнитометрами ММП-203, выполненные по стандартной методике.

3.2. Интерпретация пространственных измерений магнитного поля и каротажа магнитной восприимчивости

Основным инструментом интерпретации результатов комплексных (наземно-скважинных) исследований являлся метод неформализованного подбора. Метод подбора является основным методом решения обратной задачи в сложных физико-геологических условиях [1, 3 18].

При подборе использовалась методика, основанная на трехмерном решении прямой задачи магниторазведки с помощью комплекса программ математического моделирования «КОНТУР», разработанного в Сибирском научно-исследовательском институте геологии геофизики и минерального сырья (СНИИГГиМС) под руководством Константинова Г.Н. [14]. Математическое моделирование является заключительной частью работы, позволяющей проверить соответствие принятой в результате комплексных исследований модели реальным магнитным полям, наблюденным на дневной поверхности и в скважинах [19]. Расчеты проводились на IBM – совместимом персональном компьютере.

Скважины расположены на разведочных линиях, ориентированных вкрест простирания изучаемого рудоносного базит-гипербазитового массива. По этим линиям строились геологические разрезы. Априорные физико-геологические модели (ФГМ) разрезов формировались на основе всей имеющейся априорной геолого-геофизической информации: геологической карты Кингашского месторождения масштаба 1:10000; геологических разрезов по поисковым линиям масштаба 1:5000 и 1:1000; результатов трехкомпонентной скважинной магнитометрии и каротажа магнитной восприимчивости; карты изодинам аномального магнитного поля ΔT_a; петрофизических характеристик пород Кингашского рудного района. В ходе проведения работ по Кингашскому объекту геологические разрезы уточнялись и перестраивались в масштабе 1: 1000, соответственно детализировались и физико-геологические модели разрезов по профилям. С целью увязки аэромагнитных материалов с составом пород, в пределах наиболее интересных с поисковой точки зрения участков проводились детальные профильные (отвечающие масштабам 1:5000 и 1:10000) магнитные измерения и микромагнитные исследования на площадках 20x20, 50x50 м. По материалам КНИИГиМС была построена карта изодинам аномального магнитного поля ΔT_a, имеющая достаточно точную плановую привязку точек измерений, которая использовалась при окончательном согласовании физико – геологических моделей разрезов в соответствии как со скважинными, так и с наземными измерениями магнитного поля [9, 25].

Дополнительным источником информации о положении намагниченных объектов в околоскважинном пространстве служили результаты количественной интерпретации трехкомпонентной скважинной магнитометрии, предварительно проводившейся по каждой скважине отдельно. На рисунке 6 приводятся, в качестве примера, результаты интерпретации наземно-скважинных измерений (скважина 32).

Суммарная намагниченность пород J задавалась на основе имеющихся результатов петрофизических исследований с учетом данных КМВ по скважинам. Направление вектора суммарной намагниченности было принято совпадающим с направлением вектора напряженности нормального магнитного поля T_0 в районе исследований.

Поскольку математическое моделирование проводилось как по отдельным скважинам, так и по профилям, для всего участка исследований была установлена условная система (декартовая) координат. Относительно этой системы было определено местоположение профилей, скважин и границ распространения намагниченных интрузивных пород в изучаемом объеме геологической среды.

Все геологические образования, слагающие разрезы, аппроксимировались горизонтальными призмами с произвольным контуром сечения. Первоначально контуры намагниченных объектов выделялись и задавались с их привязкой к конкретным геологическим образованиям. Затем породы различного петрографического состава, обладающие близкими магнитными свойствами, пространственно объединялись в единый контур [31]. Детальность построения горизонтальных призм, аппроксимирующих геологические образования, определялась объемом имеющегося фактического материала. В областях сосредоточения нескольких скважин она была более дробная, на флангах и при наличии одиночных скважин - более схематичная, поскольку опиралась только на результаты наземной магниторазведки и геологические данные, не всегда подтвержденные скважинами или горными выработками.

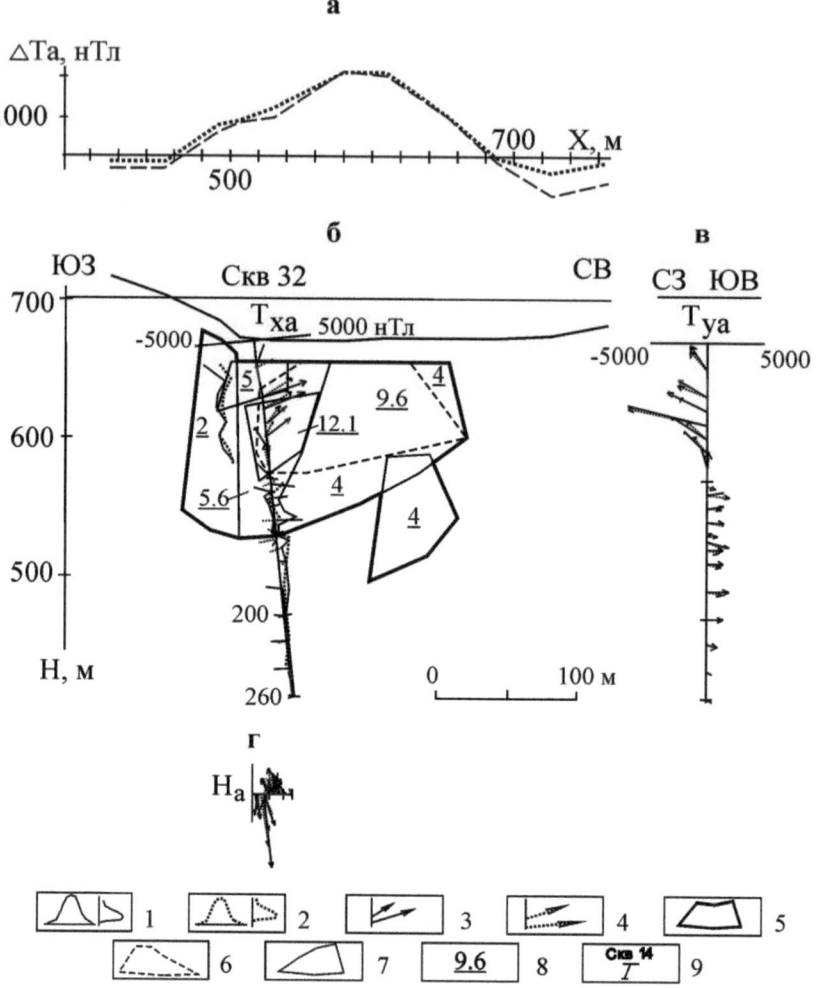

графики магнитного поля: 1- измеренного на поверхности ΔT_a и в скважинах Z_a, 2 - вычисленного от модели разреза; векторы составляющих магнитного поля: 3 - измеренного в скважинах, 4 - вычисленного от модели разреза; 5- крупные блоки магнитоактивных пород ультраосновного состава; магнитовозмущающие объекты, выделяемые по геофизическим данным: 6 - перед плоскостью разреза, 7- в плоскости разреза; 8- значения намагниченности объектов в А/м; 9-скважины и их номера

Рис.6. Результаты количественной интерпретации данных наземно-скважинных измерений магнитного поля (скважина 32)

а - графики магнитного поля измеренного на поверхности и вычисленного от модели разреза; б – графики вертикальной составляющей магнитного поля и векторы аномального поля в плоскости наклона скважины; в – векторы аномального поля в плоскости перпендикулярной к плоскости наклона скважины; г- векторы полной аномальной горизонтальной составляющей магнитного поля

Процесс интерпретации методом подбора заключался в последовательном построении различных вариантов геолого-геофизических разрезов, вычислении создаваемых ими магнитных полей и многократной корректировке физических и геометрических параметров аномалиеобразующих тел до получения удовлетворительного совпадения модельных и наблюденных полей по линиям скважин (т.е. в вертикальных плоскостях) и на земной поверхности. По скважинам вычислялись: Z_a - вертикальная составляющая полного вектора напряженности аномального магнитного поля T_a; векторы аномального поля в двух взаимно перпендикулярных плоскостях: в плоскости наклона скважины T_{xa} и в перпендикулярной к ней плоскости T_{ya}; а также вектор полной аномальной горизонтальной составляющей поля $H_a = H_{xa} + H_{ya}$. На дневной поверхности рассчитывалось модельное магнитное поле $\Delta T_{мод}$. Совместное использование результатов наземно-скважинных (пространственных) измерений геопотенциальных полей при определении параметров аномалиеобразующих объектов существенно снижает степень неоднозначности решения обратной задачи и тем самым повышает достоверность интерпретации [5]. Дополнительным фактором, повышающим геологическую информативность наземно-скважинных измерений, является раздельное определение составляющих вектора аномального поля по трем взаимно ортогональным направлениям, которое, в частности реализуется в новом, бурно развивающемся методе тензорной гравиметрии. Вычисления составляющих магнитного поля Т, как в скважинах, так и на поверхности, производились в точках, удаленных друг от друга на расстояние от 5 до 100 м, в зависимости от сложности измеренных полей.

3.3. Модель месторождения и выделение рудоперспективных блоков

В магнитном поле ΔT_a отчетливо выделяются две крупные аномальные области (Рис.5), разделенные зоной центрального рудоконтролирующего Кингашского разлома. Протяженность Юго-западной аномальной области ΔT_a с северо-запада на юго-восток около 7 километров. Протяженность Северо-восточной аномальной области ΔT_a в том же направлении, около 13 километров, выход ее в нормальное магнитное поле находится юго-западнее последнего профиля наблюдений (профиль 8). Магнитное поле в пределах этих аномальных областей имеет сложный характер, поскольку каждая область включает в себя несколько разноориентированных аномалий различной интенсивности. Кривые КМВ отчетливо фиксировали подошву толщи ультраосновных пород (рис.7, 8).

Положение намагниченных объектов в околоскважинном пространстве определялось по данным трехкомпонентной скважинной магнитометрии путем построения векторов напряженности поля в трех плоскостях и анализа векторной картины поля. В общем случае местонахождение верхней кромки намагниченного объекта устанавливалось по направлению сходящегося веера векторов напряженности аномального магнитного поля, а нижней кромки – по расходящемуся вееру векторов.

Поисковые профили –1 ÷ 8 заданы вкрест простирания выделенных аномальных областей магнитного поля – Юго-западной и Северо-восточной.

На профиле -1 отчетливо выделяются два крупных намагниченных блока, разделенных областью практически немагнитных пород, отвечающей зоне центрального рудоконтролирующего Кингашского разлома (рис.9).

Трехкомпонентная магнитометрия в скважинах 31 и 32 дала возможность более детально изучить внутреннее строение крупных магнитовозмущающих блоков, выявленных по измеренному на дневной поверхности магнитному полю [2,31].

На рисунке 9 видно, что блок, подсеченный скважиной 31, имеет неоднородную намагниченность, отражающую сложное строение массива ультраосновных пород и степень развития вторичных изменений. Границе распределения намагниченности 13.5 А/м пространственно отвечает интервал сульфидно-магнетитовой минерализации на глубине 21.1- 36.4 м, установленный по данным бурения.

45

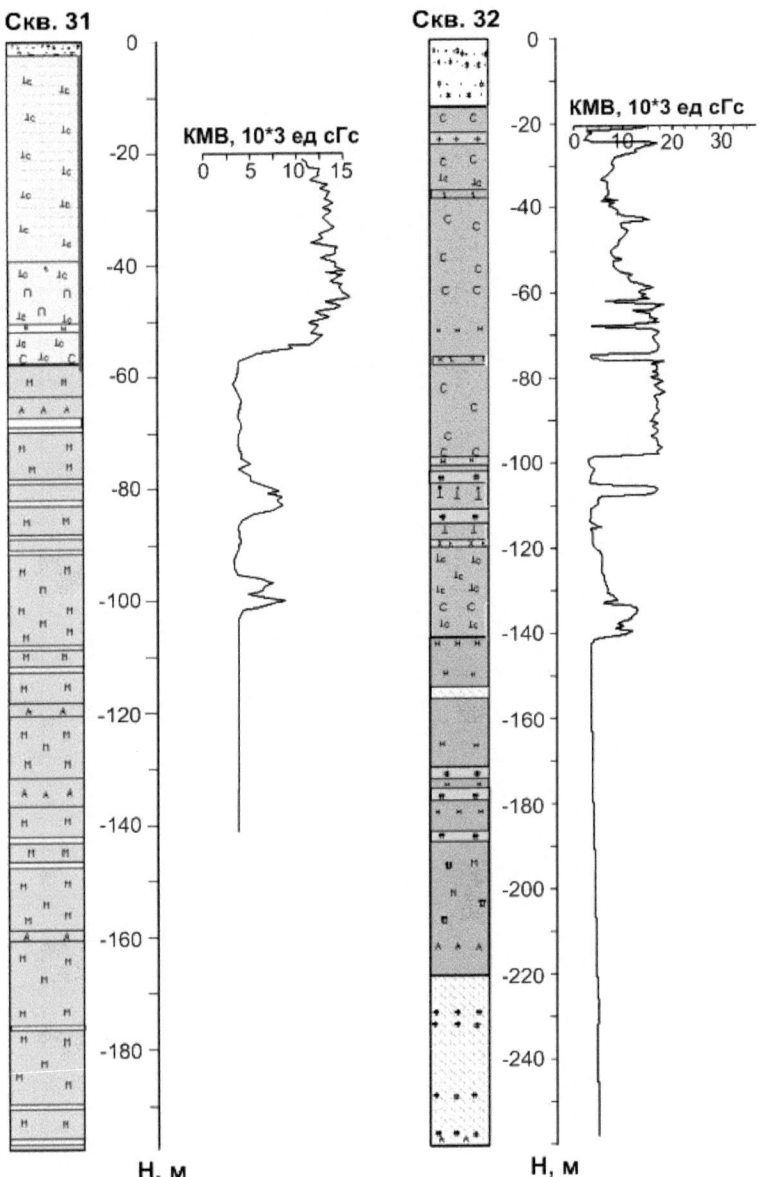

Рис. 7. Диаграммы каротажа магнитной восприимчивости
по скважинам С-31 и С-32

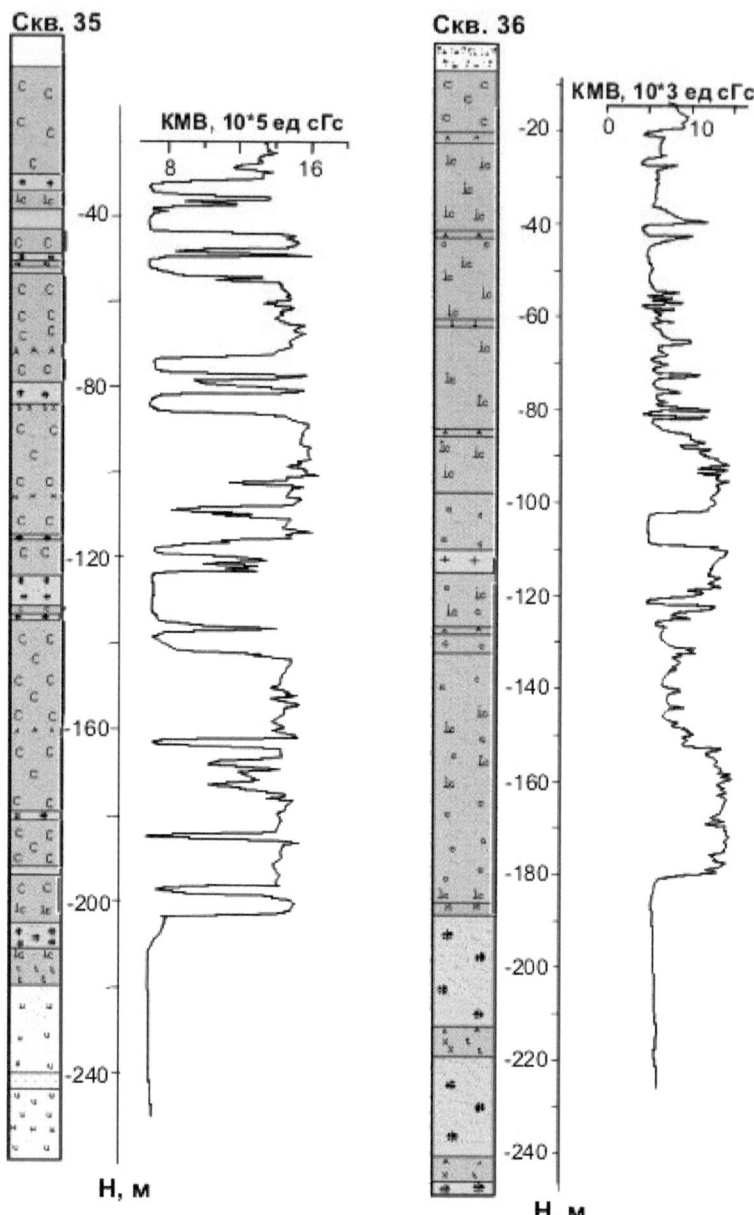

Рис. 8. Диаграммы каротажа магнитной восприимчивости
по скважинам С-35 и С-36

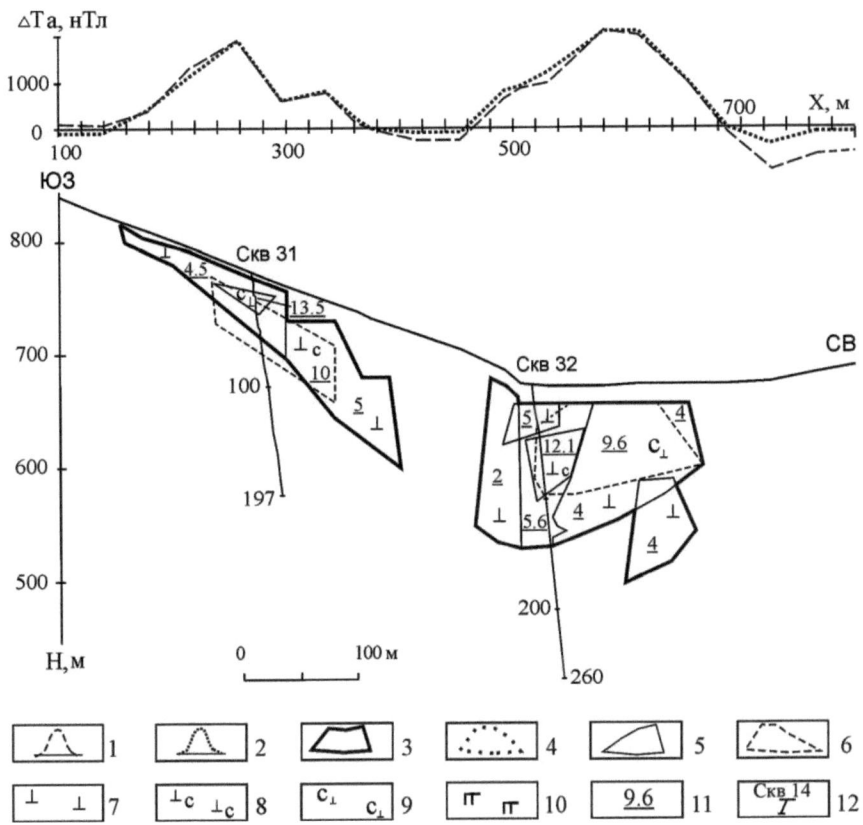

графики магнитного поля: 1- измеренного в скважинах, 2 - вычисленного от модели разреза; 3 - крупные блоки магнитоактивных пород ультраосновного состава; магнитовозмущающие объекты, выделяемые по геофизическим данным: 4 -за плоскостью разреза, 5 - в плоскости разреза, 6 - перед плоскостью разреза; намагниченные интрузивные породы: 7 - перидотиты, 8-перидотиты серпентинизированные, 9-серпентиниты по перидотитам, 10-габбро-пироксениты; 11- значения намагниченности объектов в А/м; 12-скважины и их номера

Рис.9. Результаты количественной интерпретации наземно-скважинной магниторазведки по профилю -1

Блок, подсеченный скважиной 32, имеет еще более сложную морфологию. Границы распространения намагниченности от 2 до 5 А/м, вероятно, отвечают областям распространения неизмененных или слабоизмененных перидотитов, не представляющих поискового интереса, поэтому в дальнейшем мы не будем на них останавливаться.

Область с самым высоким намагничением – около 12.1 А/м, отвечает зонам сульфидно-магнетитовой минерализации, вскрытым скважиной 32 в интервале глубин 45 – 100 м.

На рисунке пунктиром обозначены области повышенной намагниченности (10 и 9.6 А/м), расположенные юго-восточнее плоскости разреза и выявленные по результатам трехкомпонентной скважинной магниторазведки. Следовательно, можно предположить увеличение мощности зон магнетитовой минерализации в юго-восточном направлении.

На профиле 0 целостность Кингашского интрузивного массива не нарушается рудоконтролирующим разломом (рис. 10).

Вертикальные границы внутри массива отражают петрофизическую неоднородность исследуемого геологического разреза по латерали.

Проведенные исследования в скважинах 33, 47 и 12 позволили провести более детальное расчленение Кингашского массива в околоскважинном пространстве и установить интервалы наиболее намагниченных ультраосновных пород по глубине.

Наибольший поисковый интерес по скважине 33 представляет область распространения пород с намагниченностью около 10 А/м в интервале глубин 35 – 150 м, отвечающая интервалам подсечения зон сульфидно-магнетитовой минерализации.

Скважина 47 интенсивно намагниченных объектов, представляющих поисковый интерес, не вскрыла, но помогла более достоверно проследить северо-восточную границу области распространения зон магнетитовой минерализации, вскрытых скважиной 33. Глубина подошвы Кингашского массива ультраосновных пород, установленная в скважине 47, и характер наземного магнитного поля позволяют предположить наличие здесь зоны тектонического нарушения.

Результаты проведенных исследований в скважине 12 позволили определить положение северо – восточной границы распространения наиболее намагниченных (около 11.5 А/м) пород, пространственно отвечающих интервалам подсечения зон сульфидно-магнетитовой минерализации, установленным по геологическим данным.

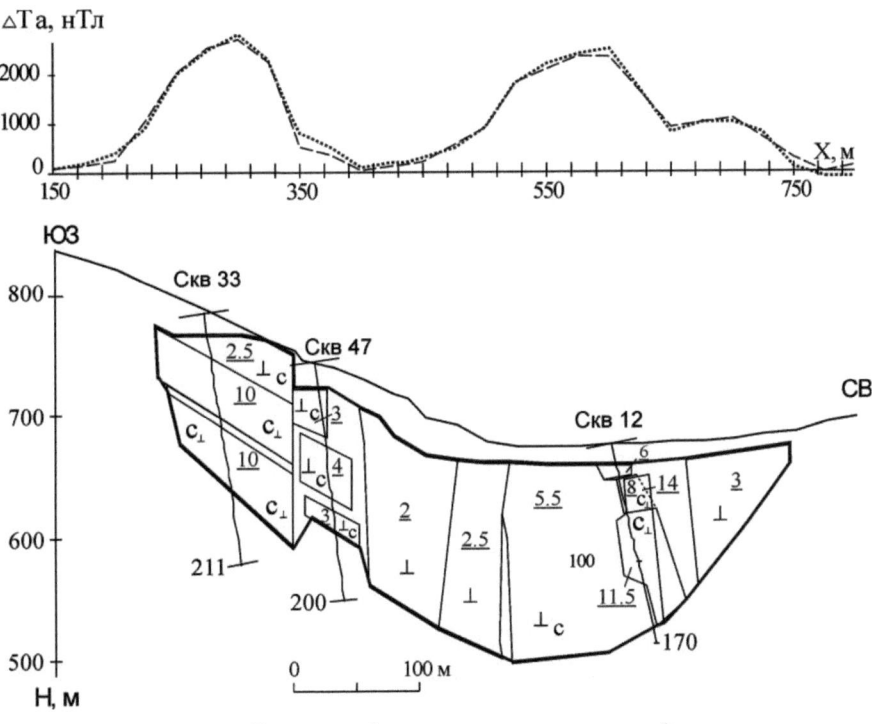

Условные обозначения вынесены на рис.9

Рис.10. Результаты количественной интерпретации наземно-скважинной магниторазведки по профилю 0

На профиле 1 (рис.11) целостность Кингашского интрузивного массива, как и на предыдущем нулевом профиле, не нарушается рудоконтролирующим разломом. Средняя часть профиля равномерно разбурена скважинами 34, 48, 35, 36 и 44. Результаты скважинных исследований подтвердили латеральную изменчивость петрофизических свойств пород Кингашского интрузивного массива и позволили более достоверно проследить поведение вертикальных границ раздела сред с различной намагниченностью.

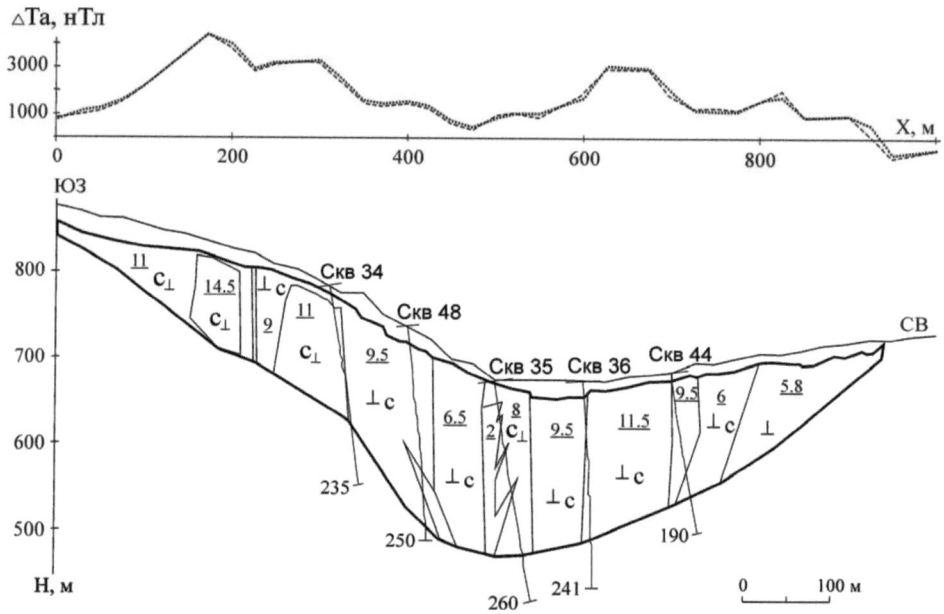

Условные обозначения вынесены на рис.9

Рис.11. Результаты количественной интерпретации наземно-скважинной магниторазведки по профилю 1

Наибольший поисковый интерес, на наш взгляд, представляют области распространения пород с намагниченностями 14.5 А/м; 11 А/м и 11.5 А/м. Но вертикальная мощность и характер распределения намагниченности крайней юго-западной области геологическими данными не подтверждены. Эпицентр наземной аномалии магнитного поля, предположительно отвечающей этой области, смещен почти на 25 метров юго-восточнее плоскости моделируемого разреза. Следовательно, можно предположить увеличение намагниченности ультраосновных пород в этом направлении или уменьшение глубины залегания магнитовозмущающего объекта ближе к эпицентру аномалии, что в одинаковой степени повышает поисковый интерес к юго-западной части профиля.

Судя по характеру наземного магнитного поля, вся аномальная область, заключенная между юго-западными частями профилей 1 ÷ 3, может представлять поисковый интерес.

Скважиной 34 явно прослеживается продолжение области распространения пород с повышенной намагниченностью, выявленной по результатам исследований в скважине 33 на профиле 0. Более детально распределение намагниченности пород по вертикали в скважине 34 получено при интерпретации результатов скважинной магниторазведки по продольному профилю M-I (рис.16).

Подобная ситуация с областью распространения пород с повышенной намагниченностью (около 11.5 А/м) между скважинами 36 и 44, которая, вероятнее всего, является продолжением аналогичной области, вскрытой скважиной 12 на профиле 0. Контуры сечений этой же области прослежены в юго-восточном направлении по профилям 2, 4 и 6.

На профиле 2 отчетливо выделяются два намагниченных блока, разделенных областью практически немагнитных пород, отвечающей зоне оперяющего разлома центрального рудоконтролирующего Кингашского разлома (рис.12).

Первый, наиболее крупный, блок вскрыт скважинами 37, 38, 45, 14 и 46. Сечение профиля 2 здесь проходит через эпицентр Юго-западной аномалии наземного магнитного поля. Максимальная амплитуда локальных магнитных аномалий, входящих в ее контур, достигает 6000 нТл. Результаты проведенных исследований в скважинах позволили получить детальную картину распределения магнитных неоднородностей в разрезе и охарактеризовать наиболее магнитные разности пород изучаемого Кингашского гипербазитового массива.

По результатам трехкомпонентной магниторазведки в скважинах 37, 38 и 45 предполагается увеличение мощности интрузивного массива в северо-восточном направлении, сразу за плоскостью разреза.

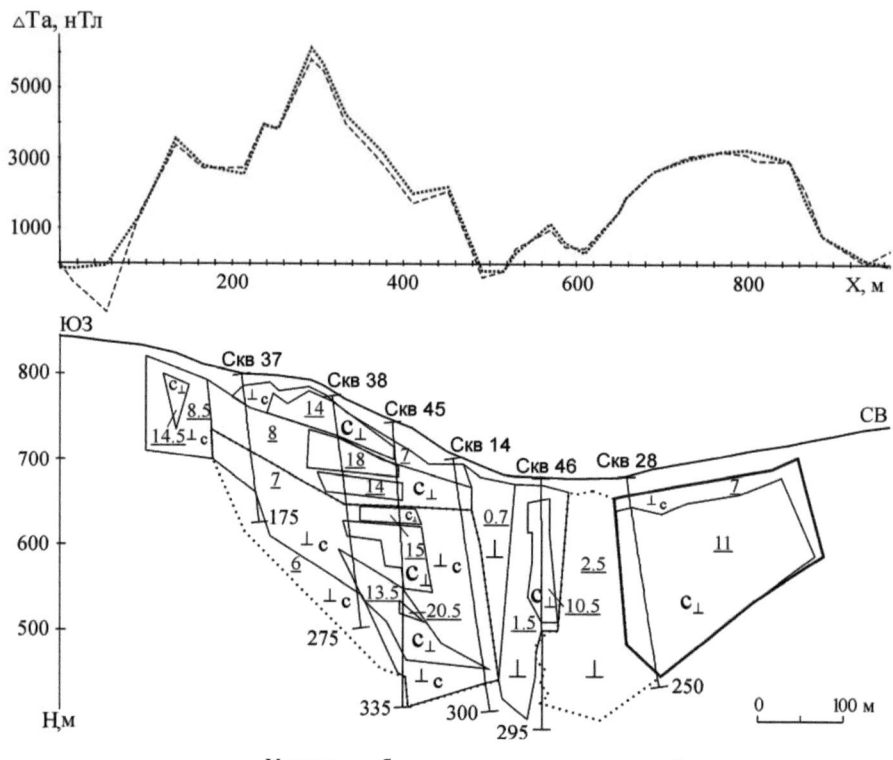

Условные обозначения вынесены на рис.9

Рис.12. Результаты количественной интерпретации наземно-скважинной магниторазведки по профилю 2

Самыми интересными представляются скважины 38 и 45. Интенсивность намагниченности вскрытых ими пород гораздо выше, чем во всех ранее рассмотренных скважинах по профилям −1, 0 и 1. Это обусловлено, в первую очередь, увеличением концентрации магнетита. Предложенный вариант распределения магнитных масс не противоречит результатам исследований в скважинах, но не является единственно возможным.

Скважиной 46 вскрыта область с высокой намагниченностью - около 10.5 А/м, отвечающая зонам сульфидно-магнетитовой минерализации, вскрытым скважиной в интервале глубин 26 – 167 м.

Юго-западнее скважины 37 предполагается наличие области с повышенной намагниченностью (от 8.5 до 14.5 А/м) не подтвержденное геологическими данными.

Второй блок намагниченных пород менее протяженный, подсечен только 28-ой скважиной вблизи юго-западной границы, что позволило уточнить ее положение в плоскости разреза. Судя по результатам скважинных исследований, блок имеет сравнительно однородную намагниченность ультраосновных пород - около 11 А/м. Предполагаемое положение северо-восточной границы блока определено по геологическим данным и результатам интерпретации наземной магниторазведки.

Скважиной 46 вскрыта область с высокой намагниченностью - около 10.5 А/м, отвечающая зонам сульфидно-магнетитовой минерализации, вскрытым скважиной в интервале глубин 26 – 167 м.

Профиль 4. По данным наземной магнитной съемки в плоскости исследуемого разреза выделяются два крупных намагниченных блока, слабо различающихся по значению намагниченности (рис.13).

Однако, зона Кингашского разлома не отмечается обширной областью развития немагнитных пород, а лишь фиксируется в виде узкой вертикальной практически немагнитной пластины.

Положение второго блока пространственно совпадает с эпицентром одной из локальных аномалий Северо-восточной аномальной области наземного магнитного поля. Амплитуда ее составляет около 3000 нТл. Более детально изучить его внутреннее строение и охарактеризовать магнитные неоднородности позволили результаты проведенных исследований в скважине 18. Следует отметить в целом по скважине высокий уровень намагниченности ультраосновных разностей пород Кингашского массива - порядка 11 - 11.5 А/м.

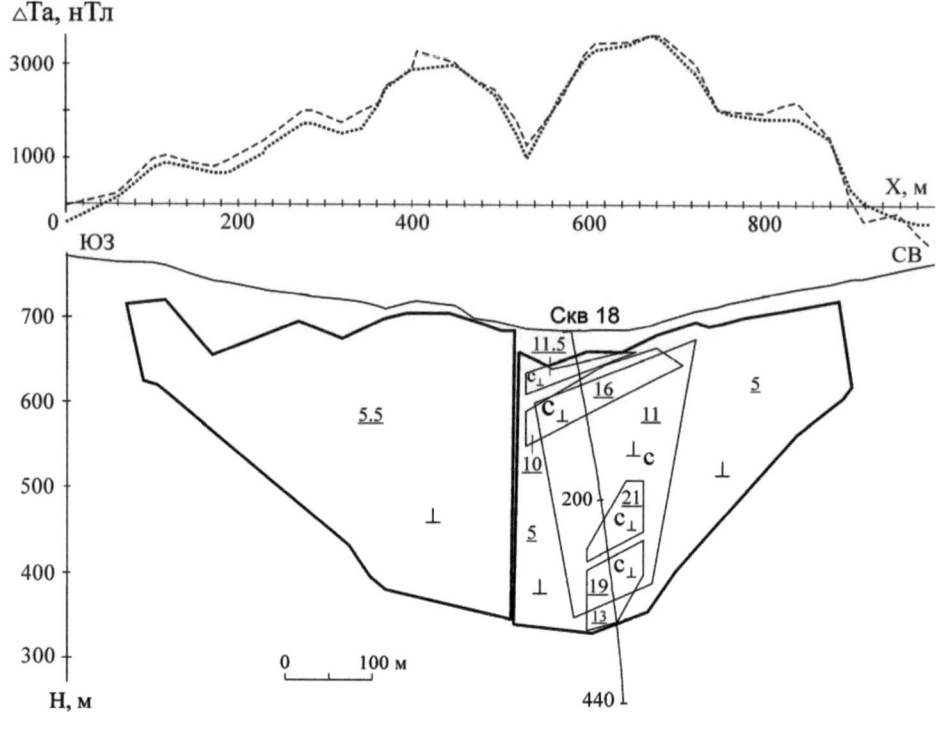

Условные обозначения вынесены на рис.9

Рис.13. Результаты количественной интерпретации наземно-скважинной магниторазведки по профилю 4

Но наибольший поисковый интерес, представляют интервалы глубин 65-100 м, 225-26 м и 272-317 м, отвечающие зонам сульфидно-магнетитовой минерализации с намагниченностью около 16 А/м, 21 А/м и 19 А/м, соответственно. Точно определить пространственное положение этих аномальных областей практически невозможно из-за большой удаленности профиля от соседних профилей, но, судя по результатам трехкомпонентной скважинной магниторазведки, можно предположить их крутое северо-западное падение.

На профиле 6 отчетливо выделяется крупный блок неоднородно намагниченных пород (рис.14). Скважина 19 вскрывает этот блок северо-восточнее области локального максимума Северо-Восточной аномальной области $(\Delta T)_a$ наземного магнитного поля. Результаты проведенных в скважине исследований позволили более детально охарактеризовать разрез в околоскважинном пространстве.

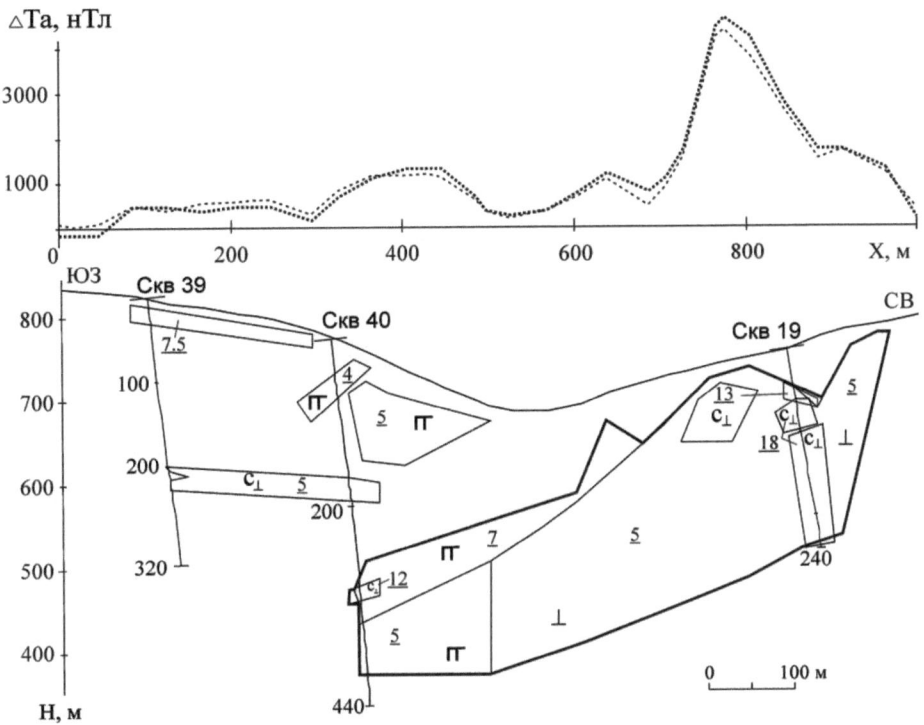

Условные обозначения вынесены на рис.9

Рис.14. Результаты количественной интерпретации наземно-скважинной магниторазведки по профилю 6

В целом по скважине наблюдается высокий уровень намагниченности (около 18 А/м) ультраосновных разностей пород Кингашского массива. Это связано с увеличением концентрации ферромагнитных минералов вдоль ствола скважины с глубиной.

Скважины 39 и 40, пробуренные в юго-западной части профиля, подсекли зоны сульфидно-магнетитовой минерализации вряд ли представляющие поисковый интерес. Область с самой высокой намагниченностью, около 12 А/м, вскрыта скважиной 40 на глубине около 300 метров.

Профиль 8. В разрезе профиля, по результатам интерпретации наземной магнитной съемки, выделен блок повышенной намагниченности (рис.15). Скважина 20 сечет этот блок в области экстремума аномалии наземного магнитного поля. Но зоны сульфидно-магнетитовой минерализации в интервалах подсечений скважиной характеризуются не самими высокими значениями намагниченности.

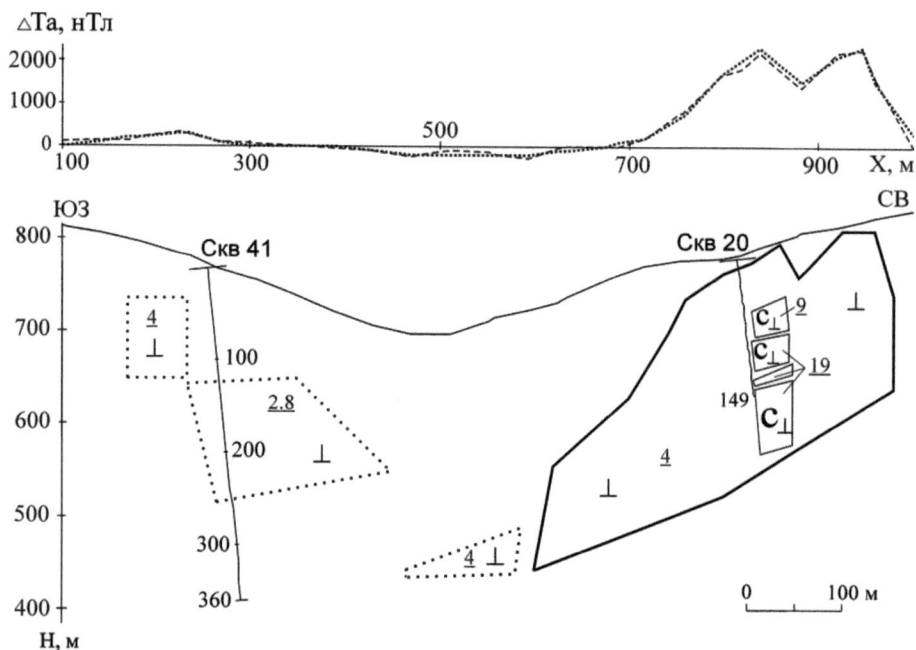

Условные обозначения вынесены на рис.9

Рис.15. Результаты количественной интерпретации наземно-скважинной магниторазведки по профилю 8

Как установлено по результатам интерпретации трехкомпонентной скважинной магниторазведки, гораздо большей намагниченностью (около 19 А/м) эти зоны обладают в околоскважинном и подзабойном пространстве.

Следует отметить, что северо-восточная часть профиля пересекла крайний северо-западный фланг Северо-восточной аномальной области наземного магнитного поля, простирающейся юго-западнее профиля 8 еще на 4 километра. Следовательно, вопрос о перспективности этой аномалии остается открытым. Скважина 41 намагниченных объектов не вскрыла.

Профиль М–I. Геомагнитный разрез по профилю ортогонален по отношению к основным интерпретационным профилям, на которых проводились исследования. Профиль сечет Юго-западную аномальную область повышенного магнитного поля вдоль ее простирания, т.е. с северо-запада на юго-восток. Соответственно, скважины, через которые проходит профиль М – I, расположены на его пересечениях с поперечными профилями.

Принципиальных различий в геологических и физических параметрах не выявлено. Следует отметить, что полученные при интерпретации материалы по скважине 38 на профиле 2 подтверждаются результатами интерпретации продольного профиля (рис.16). Действительно, за плоскостью разреза профиля 2 горизонтальная мощность массива ультраосновных пород увеличивается.

Совместной интерпретации данных наземно-скважинных измерений по профилю -2 не производилось, т.к. лишь его юго-западная часть пересекает слабоинтенсивную аномалию. Остальная часть профиля лежит в области отрицательной аномалии сопровождения, окаймляющей высокоградиентное поле ΔT_a над Кингашским месторождением. Скважина 30 вскрыла юго-западный фланг аномалии. Намагниченное тело, создающее поле интенсивностью около 2000 нТл скважиной не подсечено и находится предположительно в 85 метрах северо-западнее от нее. Намагниченность его около 9.5 А/м. Аномалия вертикальной составляющей магнитного поля Z_a в скважине вызвана магнитными массами, расположенными северо-восточнее плоскости разреза.

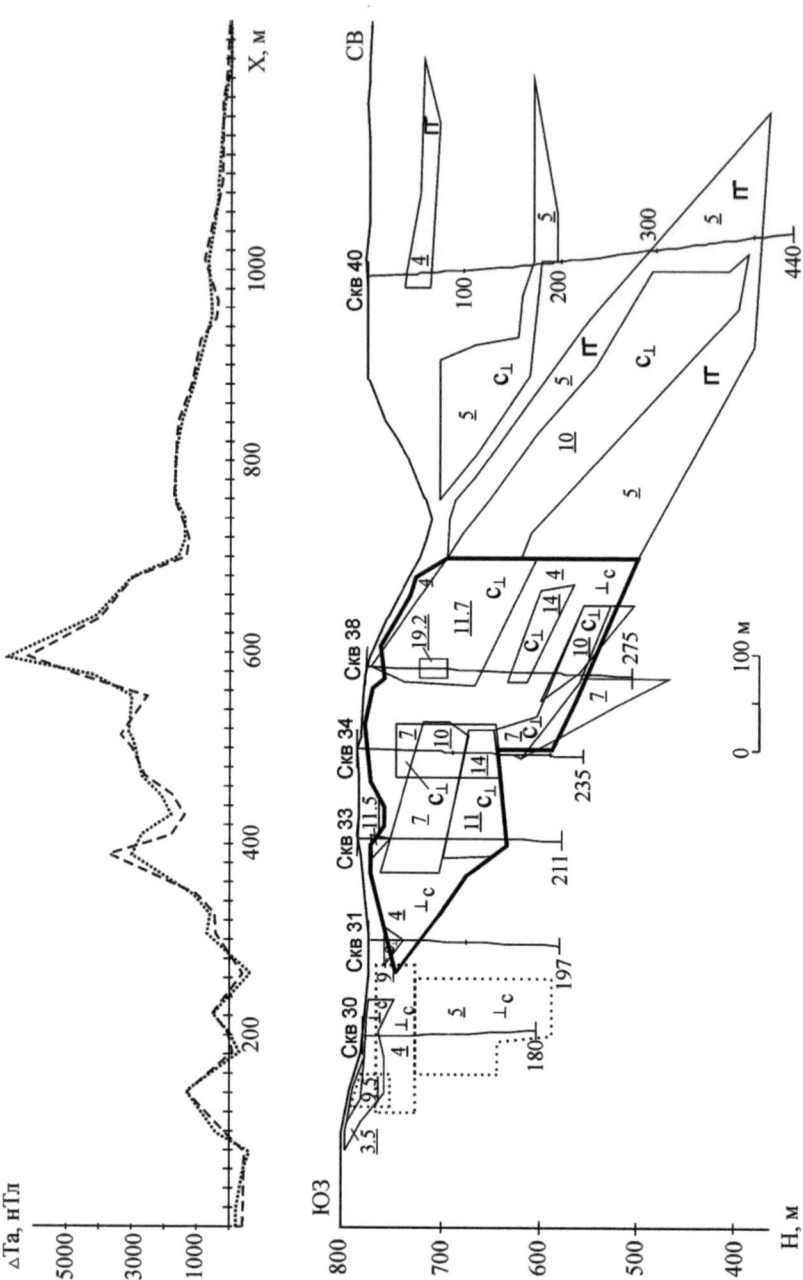

Рис.16. Результаты количественной интерпретации наземно-скважинной магниторазведки по профилю М-I

Условные обозначения вынесены на рис.9

По результатам моделирования установлено, что области с наибольшей намагниченностью пространственно отвечают контурам распространения серпентинизированных перидотитов и серпентинитов, к которым приурочено медно-никелевое оруденение (которое является практически немагнитным). С физико-геологических позиций это объясняется следующим образом:

• анализ технологических проб ТП-1 ÷ ТП-3 позволил установить наличие прямой корреляционной связи между намагниченностью рудовмещающих горных пород Кингашского месторождения и содержаниями в них главного ферромагнитного минерала – магнетита, возникающего в процессе серпентинизации;

• процесс серпентинизации в данном случае сопровождается образованием сульфидной (рудной) вкрапленности.

Таким образом, можно сформулировать важный геофизический поисковый критерий медно-никелевого оруденения кингашского типа: рудоперспективными являются участки развития ультрамафитов с высокой намагниченностью, отражающиеся интенсивными положительными аномалиями по данным наземно-скважинной магниторазведки.

Впервые установлено, что измерения магнитного поля, выполненные на земной поверхности и в скважинах, в пределах Кингашского медно-никелевого месторождения позволяют охарактеризовать внутреннее строение базит-гипербазитового массива и выделить в его пределах наиболее рудоперспективные блоки.

Рекомендовано бурение поисковых скважин в юго-западной части профилей 1 и 2. Для оценки перспектив Юго-западной аномальной области было рекомендовано выполнить бурение скважины на профиле 3. Значительный интерес в плане прироста запасов месторождения представляет юго-восточный фланг Северо-восточной аномальной области, где зафиксирована сравнительно крупная локальная аномалия магнитного поля, интенсивность которой в эпицентре достигает 5000 нТл.

Заключение

Комплекс измерений геомагнитного поля в скважинах и на земной поверхности, выполненный в пределах Кингашского кобальт-медно-никелевого месторождения, позволил охарактеризовать внутреннее блоковое строение базит-гипербазитового массива, выявить области наиболее интенсивного проявления процессов серпентинизации, локализовать зоны магнетитовой минерализации в околоскважинном и подзабойном пространстве, выделить в массиве наиболее рудоперспективные блоки.

Приведенные результаты на примере Кингашского месторождения показывают высокую информативность внутриметодного комплексирования различных модификаций магниторазведки для изучения медно-никелевых месторождений зеленокаменных поясов: высокоточных наземных измерений магнитного поля, трехкомпонентных скважинных наблюдений и каротажа магнитной восприимчивости на стадии поисково-оценочных работ.

В результате проведенных исследований получен уникальный опыт который позволяет рекомендовать проведение пространственных измерений геомагнитного поля в сочетании с каротажем магнитной восприимчивости в качестве эффективного инструмента изучения новых рудоперспективных объектов в пределах Канского и других зеленокаменных поясов.

Представленные в работе геофизические материалы использовались при дальнейшей разведке Кингашского месторождения.

Библиография

1. Автоматизация обработки и интерпретации данных скважинкой магниторазведки / Сост. Л. Н. Морозов, Е. П. Бабин и др.—Алма-Ата: Изд. Каз. ВИРГ, 1977. 142 с.

2. Афанасьев Б.М., Долгаль А.С., Резников И.Г., Христенко Л.А. Применение наземно-скважинной магниторазведки при изучении рудоносного базит-гипербазитового массива // Геология и полезные ископаемые Западного Урала. Пермь: Перм. ун-т, 2006. С. 192-193.

3. Афанасьев Б.М., Долгаль А.С., Резников И.Г., Христенко Л.А. Возможности наземной и скважинной магниторазведки при изучении Кингашского медно-никелевого месторождения // Геофизика, 2009. №4. С. 36-41.

4. Бахвалов А. Я., Кусонский О. А. Моделирование магнитного поля железорудных месторождений // Разведка и охрана недр. № 6. 1987. С. 43-48.

5. Булах Е.Г., Зейгельман М.С., Корчагин И.Н. Автоматизированный подбор гравитационных и магнитных аномалий: программно-алгоритмическое обеспечение и методические рекомендации. Деп. в ВИНИТИ № 8363-В86. 1986. 235 с.

6. Геология и рудоносность Норильского района // О.А. Дюжиков, В.В. Дистлер, Б.М. Струнин и др. М.: Наука, 1988. 498 с.

7. Гровс Д.И., Батт У.Д. Факторы, контролирующие гетерогенное распределение металлогенических ассоциаций в архейских зеленокаменных поясах на примере Западно-Австралийского щита // Геология докембрия: Докл. 27 Междунар. геол. конгресса, секция С05. Т.5. М.: 1984. С. 47-54.

8. Долгаль А.С., Афанасьев Б.М., Резников И.Г., Христенко Л.А. Наземно-скважинная магниторазведка при изучении медно-никелевых месторождений зеленокаменных поясов (на примере Кингашского месторождения) // Уральский геофизический вестник. 2007. № 2. С. 55-61.

9. Долгаль А.С., Христенко. Моделирование ультрабазитового массива по гравитационному полю с использованием монтажного метода // Геология и полезные ископаемые Западного Урала. Пермь: Перм. ун-т, 2009. с. 215-217.

10. Еханин А.Г., Некос В.В. Об особенностях геологического строения Кингашского рудоносного базит-ультрабазитового массива (Восточный Саян) // Геология и полезные ископаемые Красноярского края. КНИИГиМС, 1997. С. 235-241.

11. Константинов Г.Н. Константинова Л.С. Моделирование в рудной магниторазведке. Новосибирск, 1971. 128с.

12. Корнев Т.Я. Зеленокаменные пояса юго-западного обрамления Сибирской платформы и их металлогения // Геология и полезные ископаемые Центральной Сибири. КНИИГиМС, 1997. С. 297-310.

13. Корнев Т.Я., Романов А.П., Князев В.Н.Платиноносность зеленокаменных поясов Восточного Саяна // Геология и полезные ископаемые Красноярского края. КНИИГиМС, 1997. С. 230-234.

14. Кудрявцев Ю.И., Сараев А.К. Каротаж магнитной восприимчивости. СПб: Изд-во С-Петерб. ун-та, 2004. 270 с

15. Ломакин А.Б. Петрофизическое картирование слабоконтрастных сред и прогноз месторождений полезных ископаемых. Изд-во С-Петер. ун-та, 1998. 144 с.

16. Магниторазведка. Справочник геофизика /Под ред. В.Е. Никитского и Ю.С. Глебовского. -2-е изд. перераб. и доп. М.: Недра, 1990. 470 с.

17. Математическое и физическое моделирование железорудных месторождений и рудных полей. /Сибирский научно-исследовательский институт геологии, геофизики и минерального сырья (СНИИГГиМС) (Новосибирск). //Материалы 11-й школы передового опыта. Новосибирск: СНИИГГиМС, 1983. 117 с.

18. Методические указания по применению каротажа магнитной восприимчивости для определения содержания железа магнетитового при разведке и оценке запасов на месторождениях железистых кварцитов / В.П. Кальварская, Л.Г. Филиппычева и др. Л.: изд. НПО «Рудгеофизика», 1979. 254 с.

19. Моделирование железорудных месторождений по комплексу геолого-геофизических данных // Материалы семинара, Новосибирск: СНИИГГиМС, 1981. 122 с.

20. Никитин А.А., Хмелевской В.К. Комплексирование геофизических методов: учебник для вузов. Тверь, ООО «Издательство ГЕРС», 2004. 294 с.

21. Плюснин М.И., Федоров А.Н. Высокоточный магнитный каротаж скважин в осадочном разрезе // Изв. вузов. Сер. Геология и разведка, 1986, № 3. С. 124—129.

22. Принципы и методы прогноза скрытых месторождений меди, никеля и кобальта // М.Б. Бородаевская, А.И. Кривцов, А.П. Лихачев и др. М: Недра, 1987. 246 с.

23. Путеводитель по Кингашскому месторождению медно-никелевых и благороднометалльных руд (Восточный Саян) / Т.Я. Корнев и др. – Красноярск: Изд-во КНИИГиМС, 2001. 72 с.

24. Пьянков В.А., Мартышко П.С., Начапкин Н.И., Полянина Т.В. Трехмерная гравимагнитная модель земной коры Североуральского сегмента Платиноносного пояса // Геофизический вестник. 2006. № 2. С. 11-16.

25. Резников И.Г., Афанасьев Б.М., Долгаль А.С., Христенко Л.А. Моделирование магнитного поля Кингашского месторождения в пределах базит-гипербазитового массива // Красноярская горно-геологическая компания: 10 лет работы в новых условиях: Материалы научно-практической геологической конференции, посвященной 10-летию ОАО «Красноярскгеология». Красноярск, изд-во «Гротеск», 2006. С. 115 – 125.

26. Свияженинов Ф.И., Гринченко Б.М., Тюремнов В.А. Геофизические исследования при поисках и разведке медно-никелевых руд на Кольском полуострове // Апатиты: Изд-во Геологического института Кольского филиала АН СССР, 1982. 58 с.

27. Скважинная и шахтная рудная геофизика. Справочник геофизика. В 2 кн. Кн.2. / Под ред. Бродового В.В. М.: Изд-во «Недра», 1989. 440 с.

28. Скважинная магниторазведка (методические рекомендации в двух частях) / Под ред. В. Н. Пономарева и А. Н. Авдонина. Свердловск: изд. Уралгеология, 1984. 265 с.

29. Туганова Е.В. Формационные типы, генезис и закономерности размещения сульфидных платиноидно-медно-никелевых месторождений (на примере Восточно-Сибирской и некоторых других провинций) – СПб.: Изд- во ВСЕГЕИ, 2000. 103 с.

30. Физические свойства горных пород и полезных ископаемых (петрофизика). Справочник геофизика / Под ред. Н.Б. Дортман. -2-е изд. перераб. и доп. М.: Недра, 1986. 455 с.

31. Христенко Л.А. Возможности изучения внутреннего строения никеленосных интрузий методом скважинной магниторазведки (на примере Кингашского месторождения) // Стратегия и процессы освоения георесурсов. Материалы ежегод. науч. сес. Горного ин-та УрО РАН по результатам НИР в 2006 г. Пермь, 2007. С. 188-190.